人工知能はいかにして強くなるのか？

対戦型AIで学ぶ基本のしくみ

小野田博一　著

ブルーバックス

装幀／芦澤泰偉・児崎雅淑
カバー写真／ Inok/iStock
目次・章扉・本文デザイン／齋藤ひさの（STUDIO BEAT）
図版／朝日メディアインターナショナル

まえがき

〝AI（人工知能）について何も知らない広く一般の人〟にとって、AIとは、「考えることができるコンピューター」です。そして、コンピューター自身の「意志」で何らかの「判断」を下せるものを意味します。（ですよね？）

つまり、AIは汎用頭脳的なものを持っていると誤解している人が多いかもしれません。

それで、「AIが深層学習をして経験を獲得し、云々」という文を雑誌等で見たら、「AIがまったく人間的な意味で学ぶことができて、コンピューターが自律的に、そこから経験則を引き出して、それを今後に活かそうとコンピューター自身が決心した」くらいのことを、多くの人は考えるでしょう。

が、これはまったくの誤解です。

まず、コンピューターに意志はありません。さらに、深層学習は——言葉の印象から、想像をたくましくして「それは、深く正確な学習くらいの意味だろう」と勝手に思い込んでいる人は多いでしょうが——人間的な意味での「学習」ではありません（それは解析プログラムによる分析の一種です）。

- AIが「学ぶ」とはどんなことなのか
- AIが「考える」とはどんなことなのか
- AIが「判断を下す」とはどんなことなのか

こういったことが——まとめて言えば、**AIの思考構造**が——本書ではっきりとわかるでしょう。AIの「思考」のうちで、もっとも複雑なものが、対戦型AIの「思考」だからです。

誇張しすぎですか？　いえいえ、そのようなことはないでしょう。

> チェスの強いプログラムをつくる試みは
> 20世紀後半の人工知能研究の牽引力となっていた。
>
> 伊藤毅志・松原仁、『特集「コンピュータ囲碁」にあたって』、人工知能学会誌、27巻5号（2012年9月）より引用

複雑でない「思考」についての余談①

「対話型AIの仕組み」

対話型AIの単純なプログラムは、簡単に作れます（ちなみに、日本語で対話するプログラムよりも、英語で対話するプログラムのほうが、作成ははるかに簡単で、数百行程度でかなりまともに機能するものが作れます）。そのあらましをざっと説明しておきましょう。

> まず、コンピューター側の発言文をいろいろ用意しておきます。

> そして、どの文をどんなときに使うかの規則を決めておきます。

> また、人が入力した文字列中のどれを拾い上げて自分の発言中に使うかの規則を決めておきます。

そのようにすることで、以下のような対話ができるのです。

人：「今日は運が悪い日だったな」
AI：「運が悪いって、どういうふうに？」

人：「買い物に行ったら、店が閉まっていた」
AI：「それが運が悪いってこと？」

AIの１つ目の発言は、用意されている文のうちから、あらかじめ決めてある規則に従って、
「＃＃って、どういうふうに？」
を選出し、人が使った文字列〝運が悪い〟を＃＃の部分と置き換えるだけ、２つ目も、規則に従って選出した「それが＃＃ってこと？」の＃＃の部分と置き換えるだけで、この会話ができるのです。

AIは（人間的な意味では）何も考えてはいません。あらかじめ定められている規則に従ったふるまい・計算をしているだけです。

まともに機能するプログラムを作りたいなら、膨大な規則群が必要です。が、複雑な規則は不要です。軽い対話のために必要な「思考」は単純ですから（省略の多い発言の入力に対して、何が省略されているかを正しく判断するための思考は、単純ではありませんが）。

複雑でない「思考」についての余談②

「AIが診断（補佐）をする」「AIがあなたに向いているものを推薦する」

これは対話型よりももっと単純です。システム設計者があらかじめ解析をして、利用者の入力内容を使ってどのような計算をするかを決めてプログラムができあがり、プログラム実行時に、利用者の入力に対してその計算結果をAIは表示するだけです。

AIが自己の判断で診断をしたり、あなたに何が向いているかをあれこれ考えたりするのではありません。

本書をいま手に取ったあなたは、たぶん99%以上の確率で、AlphaGo（アルファ碁）の名前を見たことがあるでしょう。そして、AI（Artificial Intelligence）についてはまったく知らないながらも、AIに対し、漠然とした畏敬の念をいだいているでしょう。そして(!!)、AIが対局中に何を「考え」ているかを知りたい、と思っているでしょう。

本書は、(AIが上達していく歴史を、わが子が成長していく様を愛情をもって見守るように眺めることを時にしながら）AIが対局中に何を「考え」ているかを、AIやプログラミングのことをまったく知らない人にわかりやすく説明する本です（もちろん、プログラミングの入門書ではありません)。中学生でも理解できる基本的な内容だけを平易に紹介する本です（ごくまれに逸脱はありますが)。

説明のために使う用語は、とっつきやすさ、わかりやすさの点から選んであります（読者が既知の用語で理解できる内容については、その用語をなるべく使用しました)。とくに第6章で、AlphaGoについての原論文で使われている用語を避けているのは、そのためです。

1984年にデュードニー（A. K. Dewdney）は、彼自身が担当しているサイエンティフィック・アメリカン誌のコンピューター・リクリエーションのコラムで以下のように述べましたが、本書でAIの内部の仕組みを知ったとき、あなたはそれと同じようには感じないでしょう。

「ゲーム・プログラムの解析記事の中で、プログラムの内部の動きがあらわにさらけ出されている部分を読んだりすると、幻滅を感じてしまうことが多い。逆に、中でどう動いているかをまったく知らずにプログラムと対局した場合は、ありもしないはずの高度な知性がプログラムに備わっているのではないかと夢見ることができる。」

（A. K. Dewdney, "A program that plays checkers can often stay one jump ahead," Computer Recreations, Scientific American, July 1984［萩谷昌己訳］）

AIの内部の仕組みを知ったとき、あなたが感じるのはきっと、AIの内部の仕組みを考案した「人間の英知」への感嘆でしょう。

あなたを待っているのは、はたして幻滅か感動か——では、さっそく楽しい探索の旅に出発しましょう！

2017年１月　　　小野田博一

補　足

・本書では、わかりやすさのために、プログラム名は基本的には、すべてアルファベット大文字で表記します（たとえば、DEEP BLUEのように）。ただし、AlphaGo（アルファ碁）は通例通り、AlphaGoと表記します。
・チェスやチェッカーでは、ゲーム開始からの「手」の数え方は、あとで棋譜を見ればすぐわかるように、「先手の１手目、後手の１手目、先手の２手目、後手の２手目、……」となっています。これは囲碁の手数の数え方とは異なっていて紛らわしいので、読みの深さに言及する場合は、常に囲碁式の数え方とし、（層）の表記を添えます。

◉ 棋譜（gamescore）を見ながらチェスボード上の駒を動かしていく方法でゲームを鑑賞するのは面倒なものです。ゲーム再生にはパソコンを利用しましょう。
　本書に収めたチェスの棋譜は、下記のところに置いてあります。

http://www.geocities.jp/versusAI/chess.txt

見たいゲームの棋譜部分をコピーして

http://pgnplayer.com/

のページ右のボックスに貼り付ければ、盤の下の〝>〟ボタンをクリックすることで、棋譜を再生・鑑賞できます（もちろん他にも再生方法はいろいろあります）。

《別の方法》

見たい棋譜を「メモ帳」に貼り付け、任意の名前で保存し、拡張子をpgnに書き換えれば、pgnファイルを再生できるプログラムで、棋譜を再生できます。

◉ AlphaGoの棋譜は下記に置いてあります。

http://www.geocities.jp/versusAI/alpha.txt

下記ページのボックス内に書いてあるものを消してから、見たい棋譜をコピーしてそこに貼り付け、「棋譜を再生する」のボタンをクリックすれば再生できます。

http://www.cosumi.net/sgf2replay.html

《別の方法》

第1局から第5局まで、棋譜ごとに

http://www.geocities.jp/versusAI/alpha1.sgf
http://www.geocities.jp/versusAI/alpha2.sgf
http://www.geocities.jp/versusAI/alpha3.sgf
http://www.geocities.jp/versusAI/alpha4.sgf
http://www.geocities.jp/versusAI/alpha5.sgf

も用意してあります。sgfファイルを再生できるプログラムを使えば、これらで棋譜の再生ができます。

《さらに別の方法》

www.go4go.netのサイトでゲームを再現させることができます。ただし、同サイトへのログインが必要です。

http://www.go4go.net/go/games/sgfview/53040
http://www.go4go.net/go/games/sgfview/53053
http://www.go4go.net/go/games/sgfview/53069
http://www.go4go.net/go/games/sgfview/53071
http://www.go4go.net/go/games/sgfview/53076

また、「棋譜ぅ」のサイトで見ることもできます。

http://www.kihuu.net/index.php?type=3&key=alpha

(棋譜が正しく用意されているか否かは未確認)

本書の内容構成…16

第1章

AlphaGoの大快挙…17

Googleが開発したAlphaGoが李世石を破ったニュースに、囲碁ファンだけでなく世界中の人々が驚きました。

第2章

基本 対戦型AIの内部について理解しようとする前に知っておくべきこと…23

「機械学習」という言葉をよく耳にするようになりました。しかし、ここでの「学習」は、我々人間が日常的につかう「学習」とは意味が異なります。では、「機械学習」とはいったいどのようなものでしょうか。

2.1 AIや機械学習とはなんであるかを知ろう …25

・AIとは何か …25
・機械学習とは何か …26
・ここで、歴史を少々 ── 機械に学習させる …28

2.2 回帰分析と判別分析がどんなものであるかを知ろう …31

・回帰分析はどんなものなのか …32

・行列計算 ── 回帰分析を行なう1つ目の方法 …36
・逐次近似 ── 回帰分析を行なう2つ目の方法 …39
余談2つ
① ロジスティック曲線へのあてはめ［非線形回帰分析］ …40
② 放物線へのあてはめ［非線形回帰分析］ …42
・判別分析とはどんなものなのか …44
・教師つき学習とは …48
・判別分析（や回帰分析）の効用 …48
・「経験から何を学ぶか」の違い
（人の「学習」と機械の「学習」の違い） …51
2.3 主成分分析はどんなものなのか …51
2.4 深層学習について学ぼう …60
2.5 画像データを識別する方法 …63
・どのような原理になっているか …63
・画像認識のAlphaGoへの応用 …67
2.6 レイティングとは何か …69
2.7 評価関数はどんなものなのか …73
余談 1手の読みで…… …79

第3章

完全解析の仕方 …83

2人で行うチェスやチェッカーなどで、自分の手番のときに、どの手がベストであるかを解析する方法はあるのだろうか。その完全解析する方法の基礎を学びます。

3.1 完全解析入門 …84

・『最後のリンゴを取るのは誰？』…84
・AIが何を考えているか …87
余　談
・完全解析例——チェッカーの場合 …88
3.2 完全解析の基本とそのコツ …90
3.3 完全解析の歴史を少々
——世界を驚嘆させた出来事—— …99
3.4 枝刈りとハッシュ表 …102
3.5 ミニマックス・アルゴリズム …107
・「先出しジャンケン」…107
3.6 α－β枝刈り …109
3.7 「行きつ戻りつ」…112

第4章 チェッカーで人類を超える …119

第3章までで人工知能の基本的なしくみを学んできましたが、ここからは個別の対戦ゲームで、人間に対する人工知能の進化に触れていきましょう。

4.1 チェッカーのゲームの仕方 …121
4.2 チェッカー・プログラムの黎明期 …127
4.3 サミュエルの方法 …132
4.4 CHINOOK、世界チャンピオンとなる …139
4.5 「人対マシーン」世界選手権のゲーム …144

第5章

チェスで人類を超える …149

この章ではチェスを取り上げます。チェスの対戦型AIといえば、IBMが開発したDEEP BLUEが有名です。チェスの対戦型人工知能の「思考」の基本を見ながら、DEEP BLUEをはじめとした進化に触れていきましょう。

5.1 チェスのゲームの仕方 …150

5.2 チェスの対戦プログラム …163

- 黎明期 …163
- MacHackⅥ、米国チェス連盟の名誉会員となる …172
- コンピューター選手権の時代 …178
  - CHESS x.x …178
  - KAISSA登場 …180
  - 驚きのAWITとCHAOS …190
- AI、グランドマスターを倒す！ …192
- 人類を超えてさらに進む …200

第6章

囲碁で人類を超える …207

多くの人々の予想に反し、李世石を破ったAlphaGoのしくみとその強さを見ていきましょう。

6.1 囲碁はどんなゲーム？ …208
6.2 AlphaGoの特色 …211
6.3 AlphaGoの棋風 …219
・ヨセの碁 … 220
・中央に地 … 220
・目指すのは確実な勝ち … 221
・「この1手」がずっと続く局面が苦手 … 221
・簡明な処理 … 222
・ハッタリの手 … 222
6.4 AlphaGo vs 李世石、5番勝負 …223
第1局 黒 李世石 vs 白 AlphaGo …223
第2局 黒 AlphaGo vs 白 李世石 …227
第3局 黒 李世石 vs 白 AlphaGo …229
第4局 黒 AlphaGo vs 白 李世石 …232
第5局 黒 李世石 vs 白 AlphaGo …235
後口上…238
参考文献…242
さくいん…245

本書の内容構成

第1章　AIが人類を超えた瞬間

ここから、過去（第4章以降）へタイムスリップする前の準備が第2章と第3章

第2章　対戦型AIを理解するための**基礎知識**

第3章　AIが人類を超えるための**解析の基本**

世界の「人間対AI」の関心の**歴史的な変遷**

第4章　チェッカーで人類を超える

第5章　チェスで人類を超える

第6章　囲碁で人類を超える

これが達成された瞬間が第1章

第1章

AlphaGoの大快挙

Googleが開発したAlphaGoが李世石を破ったニュースに、囲碁ファンだけでなく世界中の人々が驚きました。

2016年３月９日、とんでもないニュースが世界中を駆け巡りました（そう言ってもまったく過言ではないでしょう）。囲碁プログラムのAlphaGoが李世石（李世乭、Lee Sedol）九段——1983年３月２日生まれの33歳で、囲碁の国際棋戦で計18回の優勝経験がある大棋士で、韓国の現名人——との５番勝負の第１局に勝ってしまったのです！

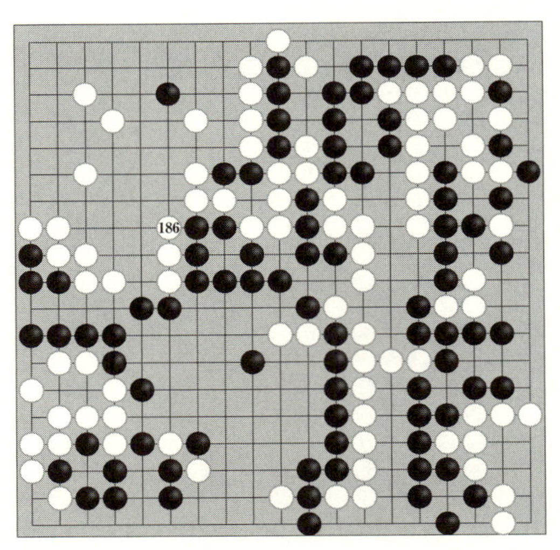

図1.1 終局図（白がAlphaGo）

この対局を中継で見ていた人は多いでしょう（世界中で少なくとも数百万人くらいいるかもしれません——ちなみに、Googleの推測では、この５番勝負の中継を見ていた人は世界でのべ２億8000万人）が、対局終了後にニュースを聞いた人はそれよりももっと多いでしょう。

その日、李世石が投了した瞬間に、AlphaGoの作成チームは大歓声。

中継を見ていた人々は、みな、驚きに目をみはっていたことでしょう。

1997年にチェス・プログラムのDEEP BLUEがそのときのチェスの世界チャンピオンのカスパロフ（Kasparov）に６ゲームマッチで勝って以来、対戦型AIについての世界の関心は、チェスから囲碁に――チェスよりもはるかに難しく、完全情報ゲーム（ゲームをする上での情報がすべて対戦者に見えるところにあるゲーム。３目並べ、チェッカー、チェス、囲碁などがこれにあたる）の最高峰である囲碁に――移っていました。「AIが囲碁の名人に勝てる日がいったい来るのだろうか、もしもその日が来るなら、どれほど先のことなのだろうか」――これが世界の大きな関心事だったのです。

そして、その日がついに来た――というよりも、あまりに突然、その日になったのでした。AlphaGoはその日の数ヵ月前（2015年10月）に樊麾（Fan Hui）二段と５番勝負を行なっていて、５戦全勝――つまり、囲碁のプロに勝つ、という快挙をすでに成し遂げてはいましたが、棋譜を見る限りでは（李九段曰く）「弱いプロの実力」しかないように見えました。それで、〝AlphaGo vs 李九段〟のマッチで、AlphaGoは惨敗するだろうとしか思えなかったのです。実際に第１局でAlphaGoが勝ったあとでも、第２局以降の対局でAlphaGoが１局でも勝てるかどうかはあやしい、とほとんどの人は思っていたでしょう。ところが――

3月10日、第2局。AlphaGoが再び勝利。

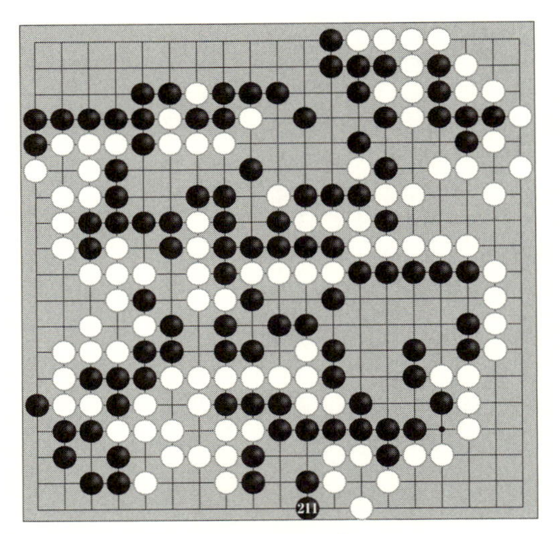

図1.2 第2局の終局図（黒がAlphaGo）

絶句。

ただただ絶句。

前日は驚きに大興奮の日でしたが、この日は発する言葉がなく凍りつく種類の驚きの日でした。異様な事態が発生したような感じでもありました。

そして3月12日に第3局にも勝って、AlphaGoはマッチの勝者になりました。この日、AlphaGoに畏敬の念をいだいた人は多いことでしょう。

こうして、対戦型AIは、完全情報ゲームの最高峰である囲碁で人間を凌ぐ、という大快挙を成し遂げ、AIの進化の巨大な金字塔を打ち建てたのでした。

	1	2	3	4	5	
AlphaGo	1	1	1	0	1	4
李世石	0	0	0	1	0	1

表1.1　（1は勝ち、0は負け）

今回の報道でよく使われた「AlphaGoが自分で学習し……」という表現に目をくらまされて（つまり、勝手に誤解して）、AlphaGoでは（あるいは対戦型AIでは一般的に）「人間にはわけのわからない２進法の世界で、どういう仕組みかまったくわからないが、人間の思考と同じような計算が行なわれている」くらいに思っている人が圧倒的に多いでしょう（「計算ではなく思考が行なわれている」と思っている人もいるかもしれません）。

でもそれは大きな誤解です。

対戦型AIは、人間のたどる思考と同じようにゲームをするのではありません。

AIは完全に理詰めです。その「思考」は、人間の思考と比較すると、まったく単純です。また、その時々の気分に左右されることはありません（ただし、よい手が２種類以上ある局面では乱数を発生させて「手」を決めることはあります。これは気分で決めることとちょっと似ていますね)。直感的な判断で次の手を決めることもありません(ただし、直感的な判断に近い値を計算する関数を用意してあってそれを使うなら、「直感で次の一手を決める」と似たことはできます——が、やはりこれでも、理詰めの模倣です)。

あなたが大きな誤解をしているのなら、上の記述のみで、どんな誤解をしていたのかがなんとなくわかったのではありませんか?(いえ、これだけでは全然わからないかもしれませんね。)

さて、本書では以下、AIが何を「考えている」のかを、基本中の基本である事柄からわかりやすく説明していきましょう。

第2章

基本 対戦型AIの内部について理解しようとする前に知っておくべきこと

「機械学習」という言葉をよく耳にするようになりました。しかし、ここでの「学習」は、我々人間が日常的につかう「学習」とは意味が異なります。では、「機械学習」とはいったいどのようなものでしょうか。

AlphaGoが李世石に勝った後、雑誌・新聞等にいろいろな記事が載りましたが、そのほとんどには間違いの記述がたくさん散らばっていました。

よく見られた大きな間違いは、機械学習における**「学習」の意味をまったく誤解**している点でした。ほとんどの記事で、「学習」の意味を、人間的な意味での「学習」(つまり、日常的に学習と言うときの意味)と誤解していました。

AlphaGoは「自ら学習し、強くなった」という表現がよく使われていましたが、これは人間的な――知性や意志があるかのような――意味で使っていますね。これはまったくの誤解です。機械学習のことを知っている人は、これは「解析プログラムで解析し、その結果、評価関数等の各係数の値をより正確なものに変更した」くらいの意であることがわかるのですが、機械学習のことを知らない人は、その意味であるとはわかりませんね(機械学習については2ページ後で改めて説明します)。

そして、「学習」の意味を誤解していることから当然ながら、深層学習の意味もまったくわかっていなくて、なにも存在しない虚空に深層学習の幻を見て、それを賛美するような文章になっていました(つまり、人間的な学習を深く正確なレベルで行なえると勝手に解釈して、それに対する賛美です)。また、それとほぼ同じことですが、AlphaGoを「理解できない高みにあるもの」ととらえていました。

また、ニューラル・ネットワークが、いままでできなかったことを可能にした、との誤解も広く見られました。ニューラル・ネットワークでできることは、従来の方法でも可能です（従来の方法ではずいぶん手間がかかる、というだけの違いです)。

さて、上記の「機械学習」や「深層学習」とはなんであるのかを理解することから始めましょう。——いえ、その前に、もっと基本的なことから始めましょう。

2.1 AIや機械学習とはなんであるかを知ろう

AIとは何か

人工知能（Artificial Intelligence, AI）とは、（人によって定義はまちまちですが）「知的に見えるふるまいをするプログラムやシステム」のことです。あるいは、「〝人が行なうならば知性が必要である処理〟をするプログラムやシステム」のことです。

なので、鉄腕アトムはAIです。アトムはあたかも知性があるかのような発言・行動をしますから（一方、アニメ『planetarian』の〝ほしのゆめみ〟は知性があるように見えるか否かは微妙なところですね。とはいえ、それゆえ、〝ほしのゆめみ〟はアトムよりも本当のAIらしく見えますが)。アトム以来、日本人は世界のどの国の人々よりもAIに親近感をいだいているでしょう。

そういうわけで、あるプログラムがAIに見えるか否か（つまり、そのふるまいが知的に見えるか否か）は、当然ながら人によってまちまちです。

たとえば、1997年にカスパロフに勝ったDEEP BLUE（チェス・プログラム）はどうでしょう？

ほとんどの人にとっては、AIでしょうね——それは確実だろうと思います。

ところが、興味深いことに、DEEP BLUEのプロジェクトの人たちは、DEEP BLUEをAIとは思っていませんでした。また、プログラマーの中心であったスー（Feng-hsiung Hsu）はDEEP BLUEを知的とも思っていませんでした。プログラムを書いた本人には、そのプログラムが知的なふるまいをしているように見えないのは当然ですね——単に計算をしているだけなのがわかっていますから。2次方程式を解くプログラムが知的なふるまいをしているように見える人はだれもいないでしょうが、それと同じことで、AIのプログラマーにとってAIは知的なふるまいをしているようには見えないのです。

機械学習とは何か

AlphaGoの記事の中で「機械学習」や「深層学習」という用語はふんだんに使われたので、今では機械学習という表現を見たことのない人はあまりいないかもしれません。が、機械学習（machine learning）が何であるかは、ほとんどの人は知りません。

たぶん、多くの人は、ここでいう機械が、（たいていは）コンピューターのことを指すことはわかっているでしょうが、「学習」の部分を誤解しています。

多くの人は単純に「コンピューターが何かを学ぶこと」と考えて、それだけで納得しているかもしれませんし、また別の多くの人は、「コンピューターが何かを学べるのか？」と疑問をかかえたままでいるかもしれません。当然ながら、コンピューターは、何かを（人間的な意味で）「学ぶ」ことはありませんから、その疑問で凍りついたとしても、もっともですね。もちろん、コンピューターが「自ら学ぶ」こともありません。

機械学習とは、素（そ）データ（集めたままの状態で、何も加工していないデータ）**の背後にある何らかの規則をコンピューターが拾い上げること**です。

たとえば、入手した多量のデータを、あなたが多変量解析のプログラムで分析したなら（そのプログラムが計算結果を表示したら）、あなたのコンピューターは機械学習をした、ということです。

［補足］

ちなみに、ネットのThe Free Dictionary（www.thefreedictionary.com）では、machine learningは以下のように定義されています（上記の太字部分とほとんど同じです）。

a branch of artificial intelligence in which a computer generates rules underlying or based on raw data that has been fed into it

---

なお、単に「学習した・学んだ」という意味では、以下のような場合でも、（コンピューターが）「学習した・学んだ」という表現が使われます。

①新たなデータを与えられた。

例　勝ちの局面に関するデータが多少追加されて、プログラム実行中にその追加データを参照できるようになった。

②何らかの事象により、その事象に対応するプログラムが実行された。

例1 パソコン利用者が「こくさい」と入力し、漢字変換候補一覧（1.黒彩、2.国債、3.国際、4.穀祭、……）から「国際」を選択。利用者が選択したものを変換候補表のトップに置く、というプログラムが実行されて、表が（1.国際、2.黒彩、3.国債、4.穀祭、……）と変わった。

例2 対戦型プログラムがゲームに負け、評価関数の各係数を所定のアルゴリズムに従ってランダムに多少変化させるプログラムが実行されて、評価関数がかすかに変わった――それで以前より強くなったかは不明であるが。

ここで、歴史を少々

機械に学習させる

注意：これは人間的な意味の「学習」にかなり近い〝学習〟の例です。機械学習はすべてこのタイプであると誤解しないように注意してください。

コンピューターが作られて間もないころ、機械に、それがあたかも学んでいるようなふるまいをさせたい、と思った人は大勢いました。AIプログラムが自分自身の評価関数（注）の各係数の値を自分で変化させるプログラムを最初に書いたのは、サミュエル（Arthur Samuel，1901-1990）［このプログラムを作り始めたときは、イリノイ大学の教授］でした。このプログラムについてはあとで詳しく説明しますが、このプログラムはもちろん自分の意志で係数を変えているのではなく、サミュエルがあらかじめ決めておいたルール（アルゴリズム）の通りに係数を変化させているだけです。

（注）局面の良し悪しを数値で表わすための計算式で、与えられた局面で（自分にわかる範囲内で）最善の１手が何であるかを決めるために使います。どんな式にするかや値の範囲をどのようにするか、などはプログラマーがまったく自由に設定できます。

評価関数については、あとでもう少し詳しく説明します。

もっとはるかに興味深いのは、ミッキー（Donald Michie，1923–2007）［英国の人工知能研究者で、Michieはミッキーと発音します。この名前はチェスのところでも登場します］が1961年に作ったマッチ箱製ゲーム思考機械MENACEでした（これはサイエンティフィック・アメリカン誌のガードナー（Martin Gardner，1914–2010）の娯楽数学のコラムで紹介されたため、非常に有名になりました）。

これはティック・タック・トウ（Tic-Tac-Toe，３×３の盤で行なう３目並べ）を行なう機械（機械が常に先手）で、マッチ箱304個で作られました。

マッチ箱には、可能な局面図がそれぞれ貼ってあり、箱を傾けると、先端がＶ字形の引き出しの先に、中のビーズが１個出ます。箱の中には様々な色のビーズが入っていて、出たビーズの色が機械の次の手を決めます（色に応じて、次の１手が決まるのです）。

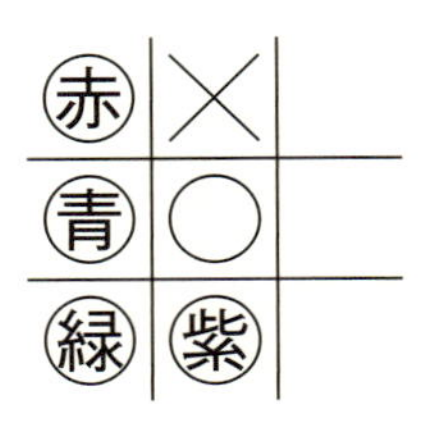

図2.1

図の１例（印刷の都合で、色ではなく文字を使ってあります）

これは先手が初手の○を中央に描き、後手がその上に×を描いたときに引き出して傾けるマッチ箱の例。出たビーズの色に応じて、先手は次の手を上図が示す箇所に○を描く。つまり、たとえば赤のビーズが出たら、先手は左上のマスに○を描く。

ゲームが終わる（勝敗が決まる）まで、そのゲームで使った箱は引き出したままの状態にしておきます（これは使った箱に、以下の賞罰を与えるためです）。ゲームに勝った場合は、引き出されている箱すべてに、出ているビーズと同じ色のビーズを褒美としてそれぞれ３つ加えます――つまり、勝った手順の１手１手に褒美が与えられます。引き分けの場合は、各箱への褒美は１つです。負けた場合は、機械側の最後の１手を決めたビーズを罰として取り除きます。

この機械は、ゲームの経験を積めば積むほど、勝つ道を選ぶようになり、負ける道を避けるようになる（最後の敗着をその後は決して選ばない）、ということは実際に機械を作るまでもなく自明ですね。そうです、この機械は〝学ぶ″のです。

この例は、人間的な学習にちょっと近そうですね。ただ、どのように賞罰を与えるかは人間があらかじめ決めたとおりに行なわれるのであって、機械自身が自己の判断で賞罰を決めているのではない点は、人間的な「学習」とはやはり大きく異なっていますね。

なお、褒美を与えたり、罰を加えたりする方法は、機械学習の「強化学習」（reinforcement learning）にあたります。強化学習は、これほど昔から（AIの黎明期から）行なわれているのです。

2.2 回帰分析と判別分析がどんなものであるかを知ろう

深層学習（deep learning, deep machine learning）は機械学習の一部です。これが何であるかを理解するためには、あなたは多変量解析のうち、少なくとも回帰分析か判別分析が何であるかを知らなければなりません（さもないと、深層学習が何であるかの説明を理解できないでしょう。が、それらを知ったら、深層学習が何であるかは即座にわかるでしょう）。

したがって、回帰分析と判別分析について、まず説明をします。これらは機械学習の中核的な部分であり、また、チェスやチェッカーなどの強い対戦プログラムを作るためにとても重要な部分です。

それらが「どんなたぐいのものであるか」を伝えるための説明ですから、読者は以下を読んで漠然と「なるほど、そういう感じのものなのか」とわかれば十分です（細部を理解する必要はありません）。だから、ざっと読むだけでOKです。

ただし、詳しくわかっていればいるほど、他の様々な事柄（本書の別の部分など）が深く理解できるでしょうから、気が向いたら、丁寧に読んでみてください。

では、始めましょう。

回帰分析はどんなものなのか

回帰分析とは、大ざっぱに言えば、複数の種類のデータを用いてある値を予測する計算式を得ることです。たとえば、「理科のテストの得点（x_1）と社会のテストの得点（x_2）を使って、数学のテストの得点（y）を予想する計算式を作る」のは、回帰分析です。

計算式（予測式）を、

$$y = a_0 + a_1x_1 + a_2x_2$$

のように、１次式とするものを線形回帰分析といいます。１次式ではないものは非線形回帰分析といいます（たとえば、作成する予測式が$y = a_0 + a_1x_1 + a_2x_2^2$なら非線形回帰分析です）。そして、線形回帰分析と非線形回帰分析を合わせて回帰分析とよびます。

データ例を挙げて示しましょう。下表のような（収集した）データを使って、あなたが決めた任意の予測式の各係数を算出すれば、それは回帰分析です。

以下では、上記の線形式を使います。

数学	理科	社会
51	50	60
59	60	55
57	65	65
63	70	63
66	75	70
70	80	72

表2.1

――さて、最小２乗法(注)で計算すると、予測式（得られた式を回帰式ともいいます）は以下のようになります。

回帰式を導く（各係数を決定する）計算方法２通りは、３ページあとから説明します。

$$y = 28.0 + 0.720x_1 - 0.233x_2$$

この結果によれば、たとえば、理科89点、社会82点の人は、数学が73点だろうと予想できます。

注　最小２乗法＝＝＝＝＝＝＝＝＝＝＝＝＝＝＝＝＝＝＝

「回帰分析を最小２乗法（least squares method）で行なう」とは、「実測値－予測値」（残差）の２乗の総和が最小になるように各a_iの値を求めることを意味します。つまり、$a_0 + a_1x_1 + a_2x_2$で計算される値をy'とすると、

$$\sum(y-y')^2$$

の値が最小になるように各a_iの値を求めるのです。

わかりやすく視覚的に理解できるように、単純な例を挙げておきます。4つのデータ（下図の若干大きく描いてある4点）を使って$y=a_0+a_1x$という回帰直線を求める例です。この場合、「回帰直線を最小2乗法で求める」とは、下図の太線の長さの2乗の総和が最小になるような直線（の方程式）を求めることを意味します。

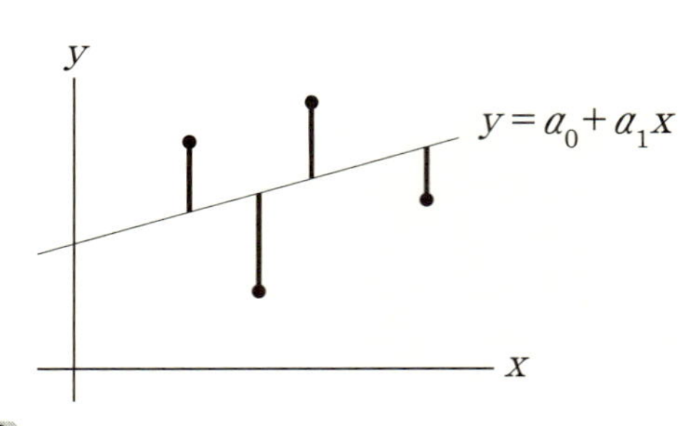

図2.2

＝＝＝＝＝＝＝＝＝＝＝＝＝＝＝＝＝＝＝＝＝＝＝＝＝＝＝

計算は全サンプルを使って1回行なうのみでOKです。が、ここでちょっと面白いデモンストレーションをしてみましょう。

まず始めに、表のもっとも上のサンプル3例のみで回帰分析を行ないます。そして次に、そのすぐ下の1例を加えて4例で分析、次に5例……と増やしていきます。

すると、各回の分析での係数の値は以下のようになります。

例数	a_0	a_1	a_2
3	51.8	0.560	–0.480
4	46.4	0.647	–0.470
5	33.1	0.689	–0.288
6	28.0	0.720	–0.233

表2.2

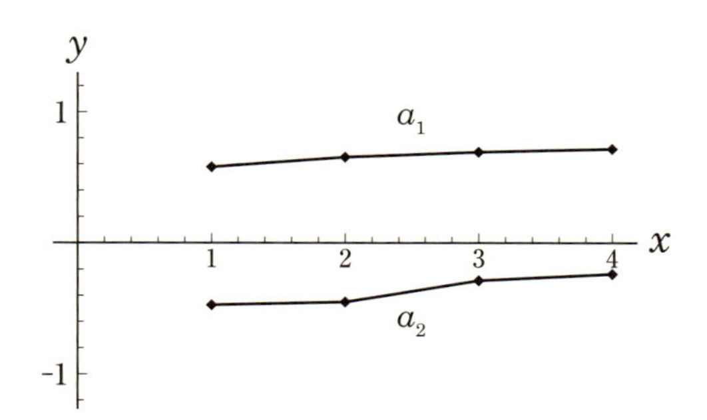

図2.3

例数を増やせば増やすほど、係数の値はより正確になっていき、値は収束に向かっていきます（本デモンストレーションでは例数が少ないので、収束に向かっているとは感じられないかもしれませんが)。

この図は「１つ学ぶごとに、コンピューターが学習して、その理解がより正確になっていく様子」に見えないこともありませんね。どうですか？

実際のところ、**これはコンピューターが学習している例です**。今から半世紀以上前に機械学習の研究が始まった当初、研究者が目指したのはこのような「機械の『理解』」が刻々と変化していくものでした。現代では、**最初から全データを使って1回計算するだけで結果を得ても**（つまり、じりじりとサンプル数を増やしていかなくても）**「学習」です。**

なお、ずっと後で詳しく説明しますが、基本的にはチェスやチェッカーでは、形勢判断に評価関数を用いていて、その関数は、本項冒頭にあるような線形式です。名人の棋譜を集めて回帰分析を行なうことで、コンピューターはより正確な評価関数を獲得します。

ちなみに、DEEP BLUEや初期のCHINOOKでは、線形回帰分析が使われました。CHINOOKは世界最強のチェッカー・プログラムです。これらについても後で詳しく説明します。

行列計算——回帰分析を行なう１つ目の方法

線形回帰分析の計算方法（各係数の値を決める方法）は以下のとおりです（最小２乗法によるものです。もちろん、他の方法でもいいのですが、これが簡明です）。

本項では、行列計算による方法を示し、次項で逐次近似による計算例を示します。高校数学から「行列」が消えたいま、以下の行列計算を理解できる読者はあまりいないかもしれませんが、ちらっとでも見ておけば、のちに役立つこともあるでしょうから、できれば読みとばさずに、流し読みくらいはしてみてください。一方、次項の逐次近似のほうは平明なので、中学生でも理解できるでしょう。

【注意：手計算で行列の演算を行なうのはかなり面倒です（四則計算だけですが、計算量があまりにも多いので）。これを知って手計算しよう、という意味ではありません。計算方法を雑学として知りたい、という知識欲旺盛な読者のためのものです。これを知らなくても、他の部分の理解には何ら影響はありません。】

X, Yを以下の行列として（Xの第１列に１がずらっと並んでいるのは、定数項a_0を求めるためです）、各係数a_0, a_1, a_2は、$(X'X)^{-1}X'Y$で得られます（X'はXの転置行列、Z^{-1}はZの逆行列です）。

なお、この行列計算で最小２乗法の解が得られることを発見したのはガウス（Johann Carl Friedrich Gauß, 1777-1855）です。なぜこの計算で最小２乗法の解が得られるかの証明を理解するためには、「行列の代数」についての基本知識が必要なので、ここでは省略します。

$$X = \begin{pmatrix} 1 & 50 & 60 \\ 1 & 60 & 55 \\ 1 & 65 & 65 \\ 1 & 70 & 63 \\ 1 & 75 & 70 \\ 1 & 80 & 72 \end{pmatrix} \qquad Y = \begin{pmatrix} 51 \\ 59 \\ 57 \\ 63 \\ 66 \\ 70 \end{pmatrix}$$

まず、$X'X$は

$$\begin{pmatrix} 1 & 1 & 1 & 1 & 1 & 1 \\ 50 & 60 & 65 & 70 & 75 & 80 \\ 60 & 55 & 65 & 63 & 70 & 72 \end{pmatrix} \begin{pmatrix} 1 & 50 & 60 \\ 1 & 60 & 55 \\ 1 & 65 & 65 \\ 1 & 70 & 63 \\ 1 & 75 & 70 \\ 1 & 80 & 72 \end{pmatrix} = \begin{pmatrix} 6 & 400 & 385 \\ 400 & 27250 & 25945 \\ 385 & 25945 & 24903 \end{pmatrix}$$

この逆行列は、

$$\frac{1}{231100} \begin{pmatrix} 5463725 & 27625 & -113250 \\ 27625 & 1193 & -1670 \\ -113250 & -1670 & 3500 \end{pmatrix}$$

これに右から　$X'Y = \begin{pmatrix} 366 \\ 24755 \\ 23639 \end{pmatrix}$　を掛けて、結局、

$$\begin{pmatrix} \dfrac{258539}{9244} \\ \dfrac{33267}{46220} \\ -\dfrac{1077}{4622} \end{pmatrix}$$

となります。上から順に、a_0, a_1, a_2の値です$\left(\dfrac{258539}{9244} \fallingdotseq 28.0,\ \dfrac{33267}{46220} \fallingdotseq 0.720,\ -\dfrac{1077}{4622} \fallingdotseq -0.233\right)$。

◎不要かもしれない補足説明

説明するまでもないでしょうが、34ページのように最初

の4例で計算する場合は、

$$X=\begin{pmatrix}1 & 50 & 60\\1 & 60 & 55\\1 & 65 & 65\\1 & 70 & 63\end{pmatrix}\qquad Y=\begin{pmatrix}51\\59\\57\\63\end{pmatrix}$$

最初の5例で計算する場合は、

$$X=\begin{pmatrix}1 & 50 & 60\\1 & 60 & 55\\1 & 65 & 65\\1 & 70 & 63\\1 & 75 & 70\end{pmatrix}\qquad Y=\begin{pmatrix}51\\59\\57\\63\\66\end{pmatrix}$$

をそれぞれ使えばいいのです。

逐次近似——回帰分析を行なう2つ目の方法

行列計算で解を求めるのでは機械学習の感じがまったくしない、と思う人は多いかもしれません。ですから、何度も繰り返し計算をして近似解を収束させていく方法を使ってみましょう。コンピューターは何度も繰り返し計算をするのは大得意ですからね（実際、逐次近似は機械学習で広く使われています）。

なお以下では、残差の2乗の総和を単にΣと表記します。

まず、a_0を0から1きざみ、a_1とa_2はそれぞれ-1.0から1.0までの間を0.1きざみであれこれ計算すると、

$$a_0=27\quad a_1=0.7\quad a_2=-0.2$$

のときにΣは最小になります。

次に、この値の近辺を、a_0は0.1きざみ、a_1とa_2はそれぞれ0.01きざみで計算すると、

$$a_0 = 28.4 \quad a_1 = 0.72 \quad a_2 = -0.24$$

のときにΣは最小になります。

さらに次に、この値の近辺を、a_0は0.01きざみ、a_1とa_2はそれぞれ0.001きざみで計算すると、

$$a_0 = 27.95 \quad a_1 = 0.720 \quad a_2 = -0.233$$

のときにΣは最小になります。というわけで、

$$y = 28.0 + 0.720x_1 - 0.233x_2$$

が得られました。

【ちなみに、深層学習のニューラル・ネットワークの計算は、何度も何度も計算して収束値を求めますから、上記の計算と、原理としては同じです。】

《余談2つ》

①ロジスティック曲線へのあてはめ〔非線形回帰分析〕

(本項はまったくの余談なので、興味のある人だけ読んでください。読み飛ばしても［あるいは、理解できなくても］何ら問題はありません。)

ロジスティック曲線は深層学習の文脈では、シグモイド曲線とよばれ、ニューラル・ネットワークにとって非常に重要な曲線で、下のような形をしています。

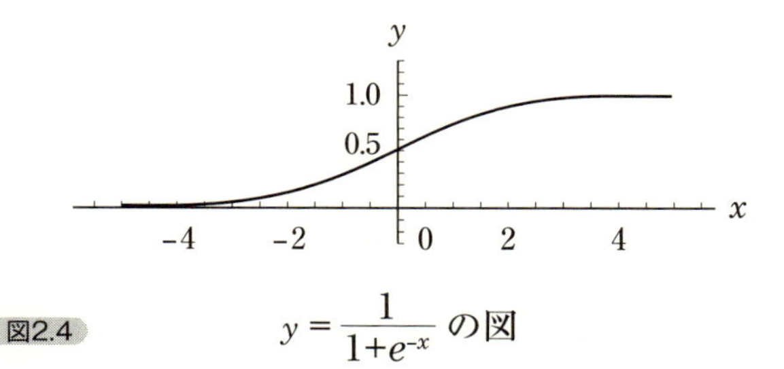

図2.4　$y=\dfrac{1}{1+e^{-x}}$ の図

ロジスティック曲線の回帰式は、

$$y=\frac{1}{1+e^{-u}}$$
$$(u=a_0+a_1x_1+\ldots+a_nx_n)$$

がよく使われます（$u=x$の場合が上の図です）。

ところで、この式を変形すると、

$$\frac{y}{1-y}=e^u$$

となり、対数を取って、

$$\ln\left(\frac{y}{1-y}\right)=u=a_0+a_1x_1+\ldots+a_nx_n$$

──というわけで、右辺は線形式となります。

したがって、元データのyを$\ln\left(\dfrac{y}{1-y}\right)$の値に差し替えれば、あとは線形回帰分析の計算をするだけで、ロジスティック曲線へのあてはめができるのです。

つまり、$y=\dfrac{1}{1+e^{-u}}$
$(u=a_0+a_1x_1+\cdots+a_nx_n)$
の各係数（a_0～a_n）の値が求められます。

◇2 放物線へのあてはめ〔非線形回帰分析〕

$$y = a_0 + a_1x + a_2x^2$$

これは放物線で、この形の予測式を求めるのは非線形回帰分析です。が、x^2の値を１つの変数として、xとは別に設ければ、当然ながら線形回帰分析とまったく同じ行列計算で、回帰放物線が得られます。

《◇1の例題》「ロジスティック回帰分析を実際にしてみよう」

あなたは、あるゲームで調査を行なって、以下のデータを得たとします。

x_1	x_2	勝率
1.0	0.5	40%
0.5	0.9	50%
2.0	1.0	70%

表2.3

（x_1やx_2がなんであるかは計算上はどうでもいいことですが、なんであるかがわからないと思考が止まってしまう人は、x_1は駒の配置の利の得点、x_2は駒の可動性の得点、くらいのものと考えてください。そして１行目の部分は、$x_1 = 1.0$, $x_2 = 0.5$の局面となったゲームが10ゲームあって、４ゲームで勝って６ゲームで負けた、というふうに考えてください。）

さて、$x_1=0.2$, $x_2=1.9$の場合、勝率は何%と予測できるでしょう？　ただし、回帰式には前ページのロジスティック曲線を使い、それによって予測値を算出するものとします。

答え

行列計算で行なった場合の計算手順を示します。

まず、$\ln\left(\frac{y}{1-y}\right)$の値を計算します。

y	$\ln\left(\frac{y}{1-y}\right)$
0.4	−0.405
0.5	0
0.7	0.847

したがって、計算に使うXとYは、

$$X=\begin{pmatrix}1 & 1.0 & 0.5\\ 1 & 0.5 & 0.9\\ 1 & 2.0 & 1.\end{pmatrix}\qquad Y=\begin{pmatrix}-0.405\\ 0\\ 0.847\end{pmatrix}$$

で、

$$(X'X)^{-1}X'Y=\begin{pmatrix}-1.657\\ 0.458923\\ 1.58615\end{pmatrix}$$

つまり、$y=\frac{1}{1+e^{-u}}$

$$(u=-1.657+0.459x_1+1.586x_2)$$

という回帰式が得られました（ちなみに、逐次近似で回帰式を求めるなら、この式がダイレクトに得られますから、解を得るまでの手順は示せませんね――手順はありませんから）。

これに$x_1=0.2,\ x_2=1.9$を代入して、$y=0.8097$ですから、問題の答えは81.0％です。

深層学習という語の印象から「AlphaGoは汎用頭脳的なものを持っていて、それが人間のように学習する――しかも深く正確なレベルで」と考えている人は多いでしょう。AlphaGoの深層学習は、回帰分析を行なっているだけです。

判別分析とはどんなものなのか

機械学習で、回帰分析と並んで重要なもう１つである判別分析について、以下説明します。

ある人の「年齢、身長、体重、体脂肪率」などなどの測定値がいろいろあれば、その人が男か女かの予想がつく、ということはわかるでしょう？

このように、複数の変数を用いて、その対象がどの群に属するかを予測する式を導くことを判別分析（discriminant analysis、機械学習の用語ではsupervised classification）といいます。

予測式が、$y=a_0+a_1x_1+a_2x_2$のように１次式である場合は、線形判別分析（linear discriminant analysis）です。

「男か女か」とか「猫か否か」とか「合格か不合格か」などのような2群の判別分析の場合、（線形判別分析であろうと非線形判別分析であろうと）計算方法は、回帰分析とまったく同じでOKで、判別対象の2つのカテゴリーにそれぞれ任意の値を当てればいいのです。たとえば、一方に1、他方に−1（つまり、男女の判別なら、男に1、女に−1などのように）を割り当てて、計算すればいいのです。

こうして出来上がった予測式に、新たなサンプルの値を代入し、予測値がプラスなら、「そのサンプルは男だろう」、マイナスなら「そのサンプルは女だろう」と推定できるのです（つまり、2つのカテゴリーの値「1」と「−1」の中央の値0が、2つのカテゴリーを判別する閾値(しきいち)です）。

注意 これで通常はOKですが、本当は、より正確に判別できるように［誤判別をより少なくできるように］、閾値は、（自動的に決めるのではなく）分析者が自己の経験から決定するべき値です。また、分析に用いるデータの中に、集団からとびぬけている者 —— たとえば、合格か不合格かの判別の場合に「軽々と合格できる者」など —— が入っていると、その〝異端の値〟は判別式の各係数の値に大きな影響を与えて、信頼性の低い判別式を導く原因となりえますので、〝異端の値〟はあらかじめ除外して分析するのが望ましいです。

3群以上の判別分析も、可能ですが、1つの判別式では概して、正しく判別できる精度はかなり落ちますから、あまり実用的ではありません。が、もちろん、うまくいく場合はあります。データを集めて試しに分析してみたい人のために、3群（以上）の場合の計算方法を書いておきましょう。

計算には、逐次近似を使うのが簡単でよいでしょう（やはり、これが機械学習らしいですし）。３群（以上）の場合、１つ目と２つ目のカテゴリーの値は任意でいいのですが、３つ目（以降）のカテゴリーの値は、任意には決められません。予測式の各係数を求める際に同時に３つ目（以降）のカテゴリーの値（に何を割り当てるか）も計算することになります。そして、具体的には、「各群内での予測値の変動」の全群での総和が最小になるように、予測式の各係数と、３つ目（以降）のカテゴリー割り当て値を決定すればいいのです（もちろん、他の方法もあります）。

「３種の動物（犬、羊、牛）の画像データを、２種の合成値（何らかの要素の値で、特徴量とよばれることが多い。合成得点の作り方は任意でよく、どんな特徴であるかが意味不明［理解不可能］であってもいいのですが、これについては主成分分析の項でもう少し説明します――ちなみに、深層学習で拾い上げられる特徴量は、ふつう、それがなんであるかは理解不可能です）で表わしたデータを用いて、その画像が何であるかを予想する式を作る」という例示用の簡素な分析例を以下で見てみましょう。

データが仮に以下のようであったとします（x_1とx_2が上述の２種の［どんな特徴であるかがわからない］合成値とします）。

	x_1	x_2
犬	1	0
犬	3	4
羊	2	3
羊	4	7
牛	3	2
牛	2	0

この場合、予測式は、$y = 2.0x_1 - 1.0x_2$ でOKですね（既述の逐次近似法で導けます。興味のある人は試しに計算してみてください）。

各カテゴリーの値は、犬が２、羊が１、牛が４でOKです（羊を１、犬を２として計算すると、牛は４となります）。たとえば、１つ目のサンプルの予測値を計算すると、$2.0 \times 1 - 1.0 \times 0 = 2$［犬］ですね。２つ目のサンプル以降でも、予測値が正しく種を表わしています。

したがって、分析に用いたデータ以外に別の画像があって、その画像の２つの特徴量の値が$x_1 = 5,\ x_2 = 6$であれば、$2.0 \times 5 - 1.0 \times 6 = 4$になり、それは牛と予測されるわけです。

《ちなみに、この予測式を使ってコンピューターが計算結果を表示したなら、「AIがその画像を牛と判断（推測）した」ということです。――**何らかの判断をAIにまかせる、**とはこのようなことを意味します。また、話は少しさかのぼりますが、「上記データを使ってコンピューターで予測式を計算してみましょう」を機械学習の文脈で言い換えれば、「上記データを使ってコンピューターに学習させてみましょう」となります。》

なお、これまでの例では、線形式右辺の各変数xの値はつねに連続量でしたが、判別分析や回帰分析では必ずそうでなければいけないわけではなく、どの変数xも「1か0の値しかとらない2値データ」であってもOKです。

教師つき学習とは

《単に用語説明ですが――》

前項「回帰分析はどんなものなのか」では、予測値がどれほど正しいかを判定できる実際の数学の得点がデータとして与えられていました。また本項「判別分析はどんなものなのか」では、予測されるグループが正しいかを判定できる実際のデータ（それが犬か羊か牛か）が与えられていました。このようなものが与えられているタイプの分析を、機械学習の用語では教師つき学習（supervised learning）といいます。……「コンピューターに教える人がいる」かのような誤解を与えたい命名でしょうか。内容は〝正解を予測する分析〟ですけどね。

判別分析（や回帰分析）の効用

チェスやチェッカーでは、局面は「一方が勝ちで他方が負け」か「引き分け」の2通りです。したがって、ある局面が与えられた場合、その局面は（双方がベストをつくすなら）「一方が勝つ局面」か「引き分けの局面」のいずれかです（形勢判断で、たとえば「先手が若干優勢」とは、「その局面はたぶん引き分けの局面だろうけれど、先手が勝つ局面である可能性が若干ある」ほどの意味です）。

したがって、判別分析で、任意の局面が「一方が勝つ局面」か「引き分けの局面」かを判断する評価関数が作れます（その関数でマスター〔熟達した人〕の経験的・感覚的な局面評価と同じ評価が得られます）——たとえば、以下のようにすればいいのです（単に方法の一例です。他にもいろいろな方法が考案できます）。

マスターの目から見ても評価が難しい局面についてのデータは除外します。

コンピューターが白で、いま動かしたところ（つまり黒の手番）の図でデータを集めます——１群は白勝勢の局面図、もう１群はあきらかに互角の局面図です。局面評価は「マスターの目から見て」のもので、白勝勢の局面は「白勝ちの局面」、あきらかに互角の局面は「引き分けの局面」とみなします。

次ページ左図の局面（白の手番）は後のページで実際に登場しますが、黒の勝ちの局面といっていい形勢です（黒の勝勢です）。これは盤を上下で逆にして駒の色を入れ換えることで次ページ右図（黒の手番で白勝勢の図）に変換してデータに加えることができます。

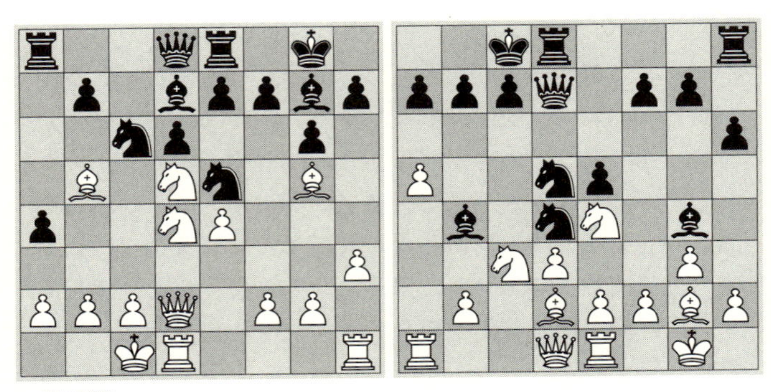

図2.5

データを集めた後、局面を構成する様々な要素（数十種類ほど）をそれぞれ数値で表わし、そのデータで２群の判別分析（これは既述の通り、回帰分析と計算方法は同じ）を行なえば、その結果得られた予測式で、任意の局面が「一方が勝つ局面」か「引き分けの局面」かを判断できるのです。

たとえば、判別式のyの値として「白の勝ち」を１、「引き分け」を０として判別分析を行なったとしましょう。得られた予測式に、ある局面（黒の手番）の全要素値を代入し、得られた予測値（局面判定値）y'がたとえば0.1ならその局面は「(たぶん）引き分け」と判断でき、またたとえば－0.9なら「(たぶん）白の負け」と判断できるのです。

＝＝＝＝＝＝＝＝＝＝＝＝＝＝＝＝＝＝＝＝

以上、ずいぶん長くなりましたが、回帰分析と判別分析についての説明を終えます。

ごく簡単にまとめると —— 何らかの数値を予測する式を作るものが回帰分析、どの群に属するかを予測する式を作るのが判別分析です。

ところで、以上を知ったあなたには、現時点で以下のことが「なんとなく」くらいにはわかるでしょう。

「経験から何を学ぶか」の違い（人の「学習」と機械の「学習」の違い）

たとえば、人は強いプレイアーと10ゲームも対戦すれば、それから様々な教訓を（無意識の層で）得て、そのゲームにおいてかなり上達します。一方AIは、世界チャンピオンと10ゲーム対戦しても、ほとんど上達しません。分析用のサンプルが10例増えても、分析結果はほとんど同じだからです（「サンプル数１万例での分析結果と、１万10例での分析結果はほとんど同じ」ということはわかりますね？）。

2.3 主成分分析はどんなものなのか

主成分分析は、回帰分析や判別分析の下準備を行なう際に有益な機械学習の重要な手法の１つなので、ここで簡潔に説明しておきましょう。

主成分分析は「データを（より低い次元で）視覚的に見るため」と「特徴量を抽出するため」などの目的でよく使

われる手法です。

読者の過半数は上記の説明で納得し、それ以上の説明は望まないでしょうから、その人は、以下の説明は、１ページ数秒程度ながめるだけで十分でしょう。が、具体的に詳しく知らないと理解した気になれない人（完全な理系タイプ）も、読者のなかに多いでしょうから、以下、その説明をします。これは、かなり長い説明になります。その長い説明を読み終えた時点でようやくあなたは「主成分分析がなんであるか」を理解するでしょうから、説明の途中の時点で「主成分分析がなんであるか」が理解できていなくても、まったく気にせず読み進んでください。

主成分分析は、データ空間を直交回転するだけのものです。

①まずこれを、データとして用いる「個人の値」の点から説明します。

Ａ，Ｂ，Ｃ，Ｄの４人が、理科と社会と論理のテストを受けて、下のような得点だったとします。

	理科	社会	論理
A	10	0	5
B	10	10	10
C	0	10	5
D	0	0	0

表2.4

このデータを、理科、社会、論理を３つの軸として３次元空間で図示すると、下図のようになります。

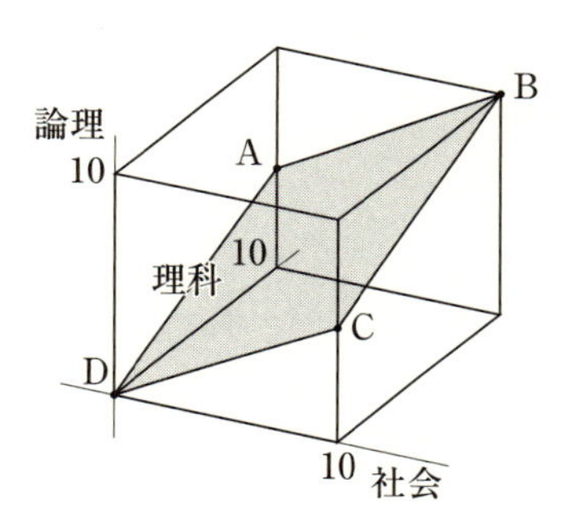

図2.6

これは立体図ですが、４人の値はアミカケ部分を含む平面上にあります。したがって、上記の軸で見るのではなく、「アミカケ部分を含む平面でデータを見る」という方法で、４人の位置を平面で見ることができるわけです。そのように見たのが下図です。

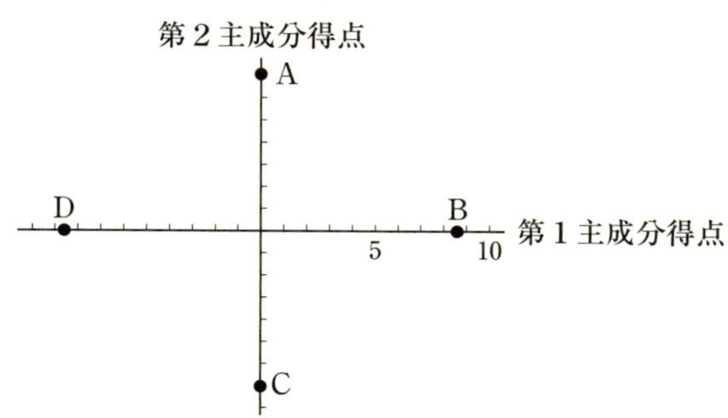

図2.7

ここで２つの軸が便宜的に誕生しています（軸をどのような計算で得るかは次ページの☆のところで説明します）。立体図のほうの４人の位置関係を見れば自明なように、１つ目の横軸は「学業適性度」くらいのもので、２つ目の縦軸は「理科－社会」傾向（の度合い）くらいのものでしょう。

なお、この新しい座標での各個人の値を、主成分得点といいます。主成分得点はふつう、平均を０、分散を１に加工して（その後の分析で）〝特徴量〟として使います（が、全データの主成分得点に定数を掛けたり加えたりしてもしなくても、その後の分析結果には本質的な違いはまったく生じません）。

このようにして元は３次元空間にあった個人の位置を平面で見ることができました。本項冒頭の「データを（より低い次元で）視覚的に見る」とはどんなことなのかは、これでわかったでしょう？　また、２つの軸の意味「学業適性度」「『理科－社会』傾向」が上記中に現われましたが、これは特徴量です。主成分分析が「特徴量を抽出するため」に使われるという意味も、もうこれでわかったでしょう？

なお、主成分分析の結果の１つとして、各主成分得点を計算する線形式が得られます。この式を使って、解析に使わなかった別のデータの各主成分得点を計算することもできます（たとえば、あなた［の能力］が前ページの図のどこに位置するのかがわかるのです）。

以上が①「個人の値」の点からの説明です。

☆軸の求め方

任意の平面を設定した場合、各個人の点（53ページの３次元空間の図では、その図中のABCDの４点がこれにあたります）と、その平面との距離が計算できます。その距離の２乗の値を全員分で合計した値が最小になるように平面を定める――これが主成分分析で得られる（第１主成分の軸と第２主成分の軸が乗っている）平面です。なお、「各個人の点からその直線までの距離」の２乗の総和が最小になるような直線が第１主成分の軸です。さらに、その軸に垂直な直線のうちで、「各個人の点からその直線までの距離」の２乗の総和が最小になるような直線が第２主成分の軸です。

これで主成分分析がどんなものであるかはすっかり理解できたことでしょう。

以下は、主成分分析を行なう通常の手順に則した説明です。ほとんどの読者には非常に難解でしょうから、「ふーん、こういうものなのか」くらいに眺めるだけで十分です（統計学の基本を知らなければ理解できない内容ですから）。わからなくても気にする必要はありません。が、わかる部分だけでも理解すれば、知識が増えて楽しいでしょう。

②では今度は、データを変数の点から説明します。

そのためには、まず、相関係数についての説明が必要です。

相関係数とは、２つの変数の相関の強さを示す値です。もう少し正確にいえば、直線状の関係があるかどうかを示す値です。

その値は－1から１までの値をとり、正比例の関係なら１、反比例の関係なら－1となり、まったく無関係であれば0です。

たとえば、４人の数学の得点と美術の得点が下図のようであったとします。

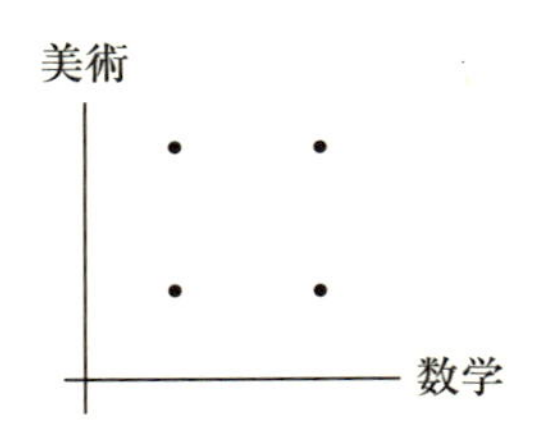

図2.8

（この４人のデータで見るかぎり）数学得点と美術得点にはなんの相関も見られません。この例の場合、相関係数は0です。

ところが、４人の得点が下図２つのようであったなら（数学の得点が高くなればなるほど美術の得点は高くなっていて）２つの科目の得点には強い正の相関が見られます。この２例の場合、どちらも相関係数は１です。

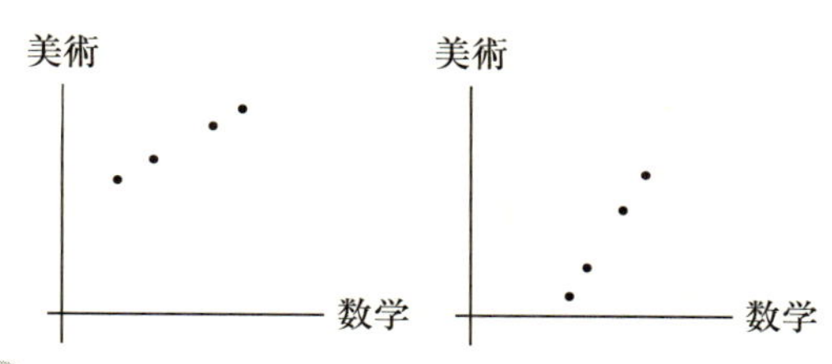

図2.9

一方、下図２つの場合は（数学の得点が高くなればなるほど美術の得点は低くなっていて）２つの科目の得点には強い負の相関が見られます。この２例の場合、どちらも相関係数は－1です。

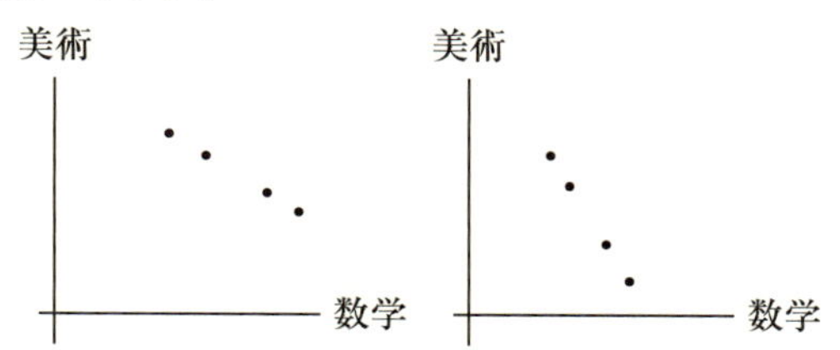

図2.10

関係が直線状ではない例も１つ挙げておきましょう。
下図の場合、相関係数は0.6です。

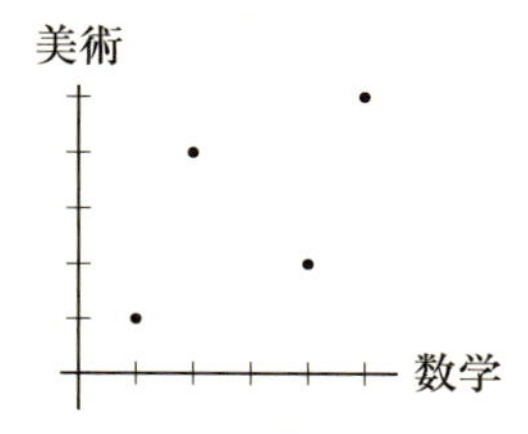

図2.11

さて、53ページのデータで各科目間の相関係数を計算すると、以下のようになります。

	理科	社会	論理
理科	1.0	0.0	0.707
社会	0.0	1.0	0.707
論理	0.707	0.707	1.0

表2.5

この場合、理科のベクトル（ベクトルの意味がわからない読者は「軸」と置き換えて読んでください。ベクトルと軸は同じものではありませんが、その読み替えで本文の意味はだいたい理解できるでしょう）と社会のベクトルの角度が90°（なぜなら、cos90°＝0）、理科のベクトルと論理のベクトルの角度が45°（なぜなら、cos45°≒0.707）、社会のベクトルと論理のベクトルの角度が45°であることを意味します（なぜこのように結論できるのかについての説明は、内積についての説明から始まって膨大になり、一般の人にはあまりに難解になりますので、ここでは省略します。興味がある方は拙著『ようこそ「多変量解析」クラブへ』をご覧ください）。

つまり、３本のベクトルは平面上にあり、下図のように平面図で位置関係を表わすことができるわけで、本例を主成分分析して得られる結果は当然ながら、その平面なのです（下図）。なお、各科目の点から、原点を通るある直線までの距離の２乗の総和が最小になるような直線が第１主成分の軸です。

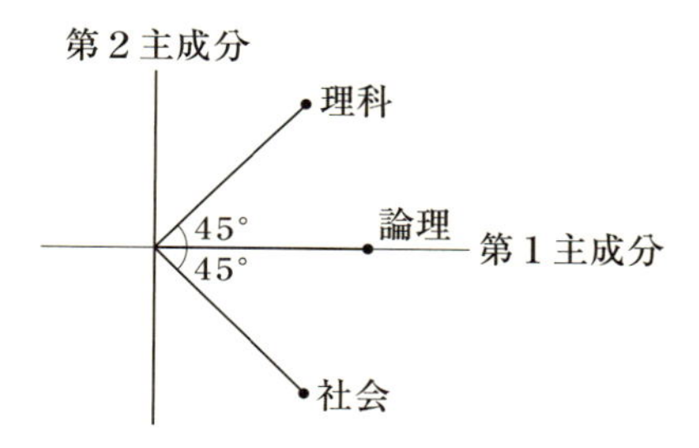

図2.12

さて、この図における各科目の位置の座標の値は下表のようになります。この値を主成分負荷量といいます（①ではいきなり各個人の主成分得点を計算しましたが、通常は、主成分負荷量をもとにして個人の主成分得点を計算します）。

	第１	第２
理科	0.707	0.707
社会	0.707	−0.707
論理	1.0	0.0

表2.6　主成分負荷量の表

今は図から主成分負荷量の表を作成しましたが、通常は、相関係数行列の固有値と固有ベクトルを求めることで主成分負荷量の値を算出します（詳細に興味がある方は前述の拙著を見てください）。

ところで、これはまったくの余談なのですが、この主成分負荷量の行列に、その行列の転置行列を右から掛けると、元の相関係数行列になります（下式のとおり）。面白いですね。

$$\begin{pmatrix} 0.707 & 0.707 \\ 0.707 & -0.707 \\ 1 & 0 \end{pmatrix} \begin{pmatrix} 0.707 & 0.707 & 1 \\ 0.707 & -0.707 & 0 \end{pmatrix} = \begin{pmatrix} 1 & 0 & 0.707 \\ 0 & 1 & 0.707 \\ 0.707 & 0.707 & 1 \end{pmatrix}$$

なお、ここまでの説明ではずっと、原理がわかりやすいようにつねに第２主成分までの話としていますが、実際のデータを解析した場合、第３主成分に興味深い軸が抽出されることは非常によくあります。

主成分分析は多次元空間にある様々な点（変数）から、平面（や３次元空間）に影を落としたその影（正射影）の位置を見ることができるので、変数間の位置関係がわかりやすいですね。

主成分分析は元のn次元空間を直交回転させるだけのものなので、変数の位置関係や個人の位置関係は、回転後も元のままです。より少ない次元で見ることができるように直交回転させるのです。この点はもう十分理解できたでしょう？

2.4 深層学習について学ぼう

さて、いよいよ深層学習についての説明をします。

いままで深層学習とかニューラル・ネットワークなどに関してまったく知らなかった人（初めてそれらについての

説明を読む人）は、どんな説明を読んでも、それらがなんであるかがまったくわからないかもしれません。いえ、いままで何冊かで説明を読んだ人でも、ほとんどの人は依然としてわからないままでいるかもしれません。それらについてわかりやすく説明するのは、困難だからです。が、それでも、以下、わかりやすく大ざっぱな説明を試みてみましょう。

深層学習（deep learning, deep machine learning）は、英語の後者の呼び名でわかるように、機械学習の一部で、ニューラル・ネットワーク（neural network）を使った分析計算とほぼ同義と言っていいでしょう。ニューラル・ネットワークとは、多層パーセプトロン（multilayer perceptron）のことです。パーセプトロンとは、ミンスキー（Marvin Minsky）の説明によれば、「一群の機械」で「多数の部分的な観測結果を加え合わせることによって判別——入力事象が、あるパターンに合致するかどうかの判断——をするもの」です。

（単層）パーセプトロンとは、下式の各係数を決定するプログラムです。

$$y = a_0 + a_1x_1 + a_2x_2 + \cdots a_nx_n$$

この式はもうあなたにはおなじみですね。これは線形式ですが、すでに見たように、この式でロジスティック関数を扱えます。

パーセプトロンを何層にも重ねることによって、さまざまな非線形回帰分析や非線形判別分析を行なえます。

つまり、深層学習とは、ラフに言えば、多くの変数を使った回帰分析や判別分析などの計算をコンピューターにさせることです。単に「分析」というのと「深層学習」とのニュアンスの違いは、「主成分分析などで特徴量を抽出することなども含めて、機械任せ(注)の色合いが強い」のが深層学習で、機械任せにはせずに分析者が主となって解析を行なうのが「分析」です。

注 ここに注意！

機械任せ、とは、用意されているアルゴリズム任せ、ということです。コンピューターが自律的に判断するのではありません。

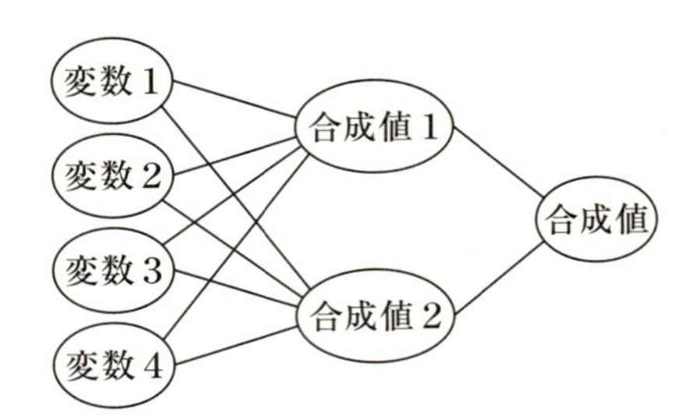

図2.13 ニューラル・ネットワークがどんな計算をしているかを示す例

［複数の変数を使って複数の合成値を作り、それらの合成値を使ってさらに合成値を作る —— これがニューラル・ネットワークが行なっている計算です。なお、この例のように２段階で合成値作成をしているものを２層のニューラル・ネットワークとよびます。］

ところで、深層学習は画像認識によく使われているので、画像認識についても簡単に説明しておきましょう。

2.5 画像データを識別する方法

2.5.1　どのような原理になっているか

単純な例——極端に素朴な例——で説明します。以下では、6×6のドットからなる画像を扱うことにします（下図の各マスを1つのドットと考えてください）。

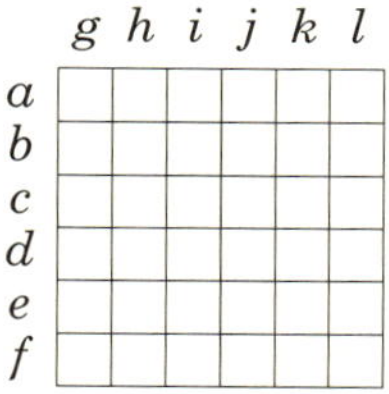

	g	h	i	j	k	l
a						
b						
c						
d						
e						
f						

図2.14

さて、まず、以下の変数（特徴量）を設定することにします。

x_1＝「aの行に黒マスが４つ以上」or「bの行に黒マスが４つ以上」（「はい」なら値は１、「いいえ」なら値は０。以下同様）

x_2＝「cの行に黒マスが４つ以上」or「dの行に黒マスが４つ以上」

x_3＝「eの行に黒マスが４つ以上」or「fの行に黒マスが４つ以上」

x_4＝「gの列に黒マスが４つ以上」or「hの列に黒マスが４つ以上」

x_5＝「iの列に黒マスが４つ以上」or「jの列に黒マスが４つ以上」

x_6＝「kの列に黒マスが４つ以上」or「lの列に黒マスが４つ以上」

そして、以下のように評価することにします。

x_1からx_6の値がこの順に——

111100ならＥである確率が100％

110100ならＦである確率が100％

010101ならＨである確率が100％

100010ならＴである確率が100％

……（以下略）

（したがって、上記の評価方法では、評価対象とする画像について「Ｆである確率は70％、Ｐである確率は30％」のようなきめ細かな評価はできませんが、評価方法をちょっと変更すれば可能ですね。）

《補足》画像認識は、この例でわかるでしょうが、画像を数字列に変換し、その数字列を認識対象とする処理です。

さて、これで下図の画像が何であるかをそれぞれ計算すると——

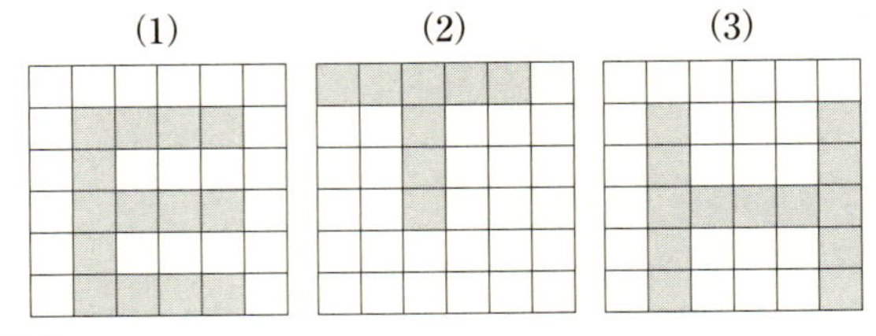

図2.15

(1)はＥ、(2)はＴ、(3)はＨ、という予測結果が得られます。正しい予測ですね。

とはいえ、下図の画像の場合は（人間なら「Ｆだろう」と判断できるのですが）上のプログラムでは何であるかがわかりません。当然ながら、画像の識別には、もっと多くの特徴量を設定せねばならず、評価方法ももっと緻密でなければならないのです。

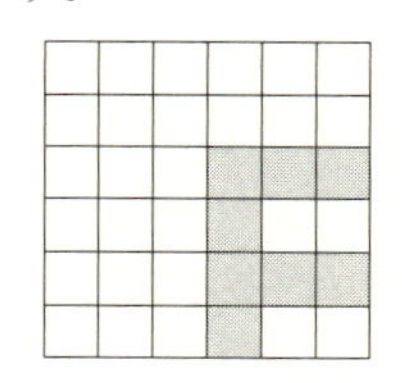

図2.16

さて、それはともかくとして、以上が画像識別の原理です。
「特徴量をどのように定めるか」と、「それらの値を使ってどんな計算で結果を予測するか」は多くのデータで分析して（つまり、機械学習させて）決めればいいのです。
❖たとえば、上記までで——とくに2ページ前の特徴量の設定部分で——わかるだろうと思いますが、アルファベットの大文字（様々な書き方をしたもの）をデータとして主成分分析を行なうと、抽出される成分は、右側の縦線（のあるなし。以下略）、左側の縦線、上側の横線、中央の横線、下側の横線、左上から右下までの斜め線、右上から左下までの斜め線、等々となります。

◎特徴量に関する補足説明

特徴量として（その後の分析に）使う値は、その名前とは裏腹に、どんな測定値でもよく、また、どんな合成値でもかまいません。その特徴量を使って、回帰分析や判別分析がうまくいけばいいのです（ただし、人が論文を書く場合は「どんな意味をもつ値なのかわからずに使って分析してみたら、このような結果が得られました」では、みっともなさすぎますが）。

主成分分析は「それがなんなのかがわかりやすい特徴量」を抽出するのに手軽な方法ですが、もちろん、わけのわからない軸も出てきます（画像データを主成分分析したら、わけのわからない特徴量ばかりでしょうね）。ここで、わけのわからない軸を後の分析で利用してはいけない、というわけではありません。

軸の回転角度をあなたが自由に決めてもOKです（そうすると軸は、主成分の軸ではなくなる、というだけのことです）。また、抽出する複数の軸は斜交していてもかまいません。その軸を設定することで最終的に回帰分析や判別分析がうまくいけばいいのです。少なくとも、機械学習では、途中で使う合成値はなんでもありなのです（とはいえ、あなたが解析プログラムを自分で書けないなら、軸を自在に決めることは無理ですが）。

ところで、囲碁の局面をデータとして用いて主成分分析すると、特徴量として抽出されるのは、アテ、ノビ、ツギ、一間トビ、直前手からの距離、着手位置の盤縁からの距離、等々と、囲碁用語の概念がたくさん登場するそうで、これは当然ともいえますが、面白く不思議でもありますね。

ちなみに、「AlphaGo vs 李世石」戦の第4局でAlphaGo

は78手目の「割り込み」（囲碁用語の1つ）に正しく対処できませんでした。この理由は、AlphaGoの探索（ヨミ）の深さが浅いからでしょうが、もしかしたら、AlphaGoが計算に用いている特徴量のなかには「割り込み」がないのかもしれませんね——その可能性はほとんどないだろうとは思いますが……。

2.5.2　画像認識のAlphaGoへの応用

さて、下図がHであることは上記のプログラムでわかります。

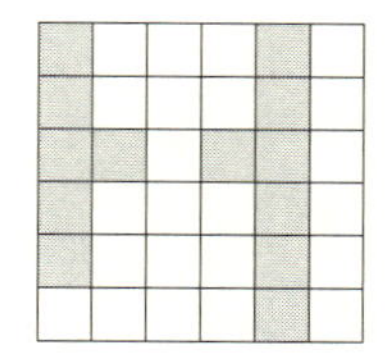

図2.17

もしもこの図に黒マスを1つ加えて、より理想的なHを作るなら、どこに加えればいいかはわかりますね（第1候補は中央の欠けている所、第2候補は左下——でしょうか）。その場所がどこなのかを示すプログラムを作ることが可能だということもわかるでしょう？

これは画像補整を行なおうとしている場合の例ですが、これといくぶん似たことがAlphaGoに（プログラム開発時点で）利用されているのです。

「囲碁の局面図の画像、最後の1手、および次の1手」等のセットの膨大なデータ（高段者の棋譜に限定）を解析することで、任意の局面図における（高段者の）次の１手を予測するプログラムを作ることが可能です（単に回帰分析をすれば予測式は得られます。あとは、任意の局面［＋最後の１手］等の入力に対して、その予測式を使って「次の１手の予測」を出力するプログラムを作ればいいのです）。そして実際に、AlphaGoの開発チームはそのプログラムを作りました（予測手を１つだけ返すものではなく、［たとえば下図の局面で黒が次に］地点Ａに打つ可能性は40％、地点Ｂに打つ可能性は31％、地点Ｃに打つ可能性は15％、……などのようにリスト形式で予測を返すプログラムです。確率の値を予想するものなので、ロジスティック曲線を使った回帰分析をして作ったのでしょう）。AlphaGoはそのプログラムを、対局時に使っています。

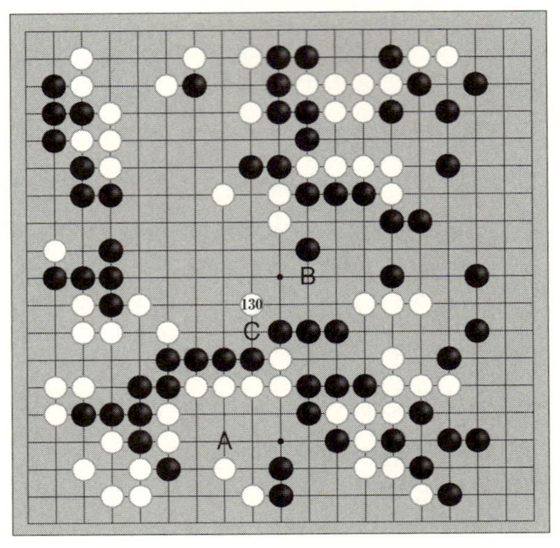

図2.18

AlphaGoのあれほどの強さのメインの理由は、その部分にあるといってもいいだろうと思いますが、AlphaGoがそれをどのように使っているのかは、第6章で説明しましょう（たとえば、上の局面でAが、そのプログラムの返す予想の第1候補なら、そのプログラムを先読みをさせずに対局プログラムとして使っても、コンピューターは瞬時にAの手を打つことが可能なのです。その対局プログラムは、先読みなしですらかなり強いことは想像できるでしょう？）。

以下、用語について2点、追加説明しておきます。

2.6
レイティングとは何か

これはAIの仕組みとは関係ない用語ですが、ここで少し詳しく説明しておきます。これがどのようなものか十分わかっていると、後にチェスの章を読んでいる際、プログラムが年を経るにしたがってどのくらい強くなっていったのかが実感でわかるでしょう。

チェスやチェッカーや囲碁で用いられる数値に、レイティング（rating）というものがあります[注]。

これはその人の実力を数値で表わしたもので、値が大きいほど強いことを示します。たとえば、レイティングが不明の2人がチェスを4ゲーム行ない、勝敗が3勝1敗（あるいは2勝2引き分け）なら、2人のレイティング差は200と計算されます。

チェスの場合、トーナメント（競技会の意。どんな形式でも、優勝者を決める競技会はトーナメントです。もちろん、総当たり形式でもtournamentです。勝ち上がり形式の場合は、knockout tournamentやelimination tournamentといいます）で算出されるレイティング・パフォーマンス（rating performance）は、以下のように計算します。

「ある人に勝った場合は、その人のレイティングに＋400、引き分けた場合はその人のレイティングに＋０、負けた場合はその人のレイティングに－400、で合計し、ゲーム数で割る」

こうして得られた値が、そのトーナメントにおけるその人のレイティング・パフォーマンスです。

たとえば、2200の人と2100の人にそれぞれ勝ち、2160の人と引き分け、2300の人に負けたなら、

$$
\begin{aligned}
2200+400&=2600\\
2100+400&=2500\\
&2160\\
2300-400&=1900\\
\hline
\text{計}\ &9160
\end{aligned}
$$

［これを４で割って、2290］

というわけで、レイティング・パフォーマンスは2290となります。

単にレイティングとよばれているのはフィクスト・レイティング（fixed rating）［確定レイティング、ほどの意］

のことで、それは以下のように定まります（トーナメント出場経験がまだ少ない人の場合の例です）。

ある人が出場した最初のトーナメント（5ゲーム）で、レイティング・パフォーマンスが2000だったとします。次のトーナメント（5ゲーム）では少し不調で1800、その次の2つ（どちらも5ゲーム）では2000と2240だったとします。

そして、その組織では20ゲーム終了した時点でフィクスト・レイティングとなるシステムだったなら、その人はこれまでで20ゲームなので、ここでレイティングが決まって、その値は（全20ゲームでのレイティング・パフォーマンス、つまり）2010となります。

レイティングは（その組織内での）相対的な強さを表わす値で、絶対的な値ではありません。したがって、ある組織のレイティングを持つ全員の値に、任意の値（たとえば＋100など）を一律に加えても、本質的にはなにも変わりません。

ちなみに、DEEP BLUEがカスパロフに勝った当時、

FIDE（国際チェス連盟）のレイティング＋100
≒USCF（米国チェス連盟）のレイティング

の関係（レイティングの値のずれ）がありました。

1986年にリーヴァイ（D. Levy）[Levyの発音は国によってかなりまちまちですが、英語圏ではリーヴァイと発音します。チェスのインターナショナル・マスターです］はチェス・コンピューターのレイティング・パフォーマンス

の値（下図——ただし、図右上のDEEP THOUGHTのデータはその当時は無し）を用いて、

USCFレイティング＝49.2×（西暦年号－1900）－1697

という予測式を導きました。

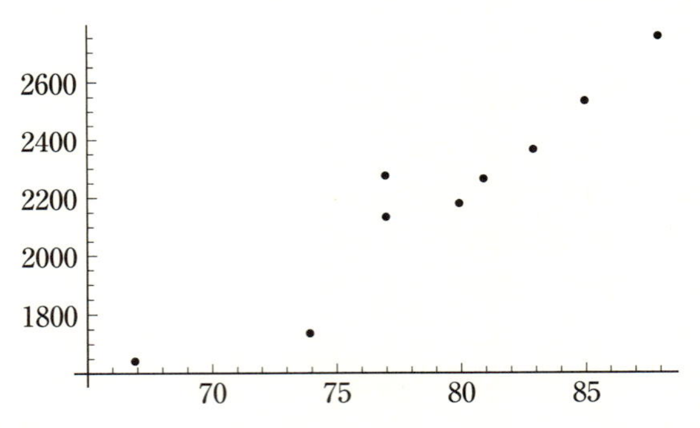

図2.19

そしてこの式により、「1994年にはコンピューターは2900以上のレイティングになるだろう」とリーヴァイは予想しました。

ちなみに、1986年のFIDEレイティング１位は、カスパロフ2740でした。

また、リーヴァイは下の表も示しています。

読みの深さ	年	プログラム	レイティング
5	1972	CHESS 3.5	1600
6	1975	CHESS 4.0	1800
7	1979	CHESS 4.7	2000
8	1980	BELLE	2200
9	1986	HITECH	2400
10	1989	DEEP THOUGHT	2600

表2.7

読み（探索の層の数）が深くなれば、当然ながら、プログラムの実力もほとんど比例して増していきますね。

注意　囲碁の場合、日本棋院はレイティング・システムを使っていませんが、ヨーロッパ囲碁連盟（European Go Federation）、米国囲碁協会（American Go Association）、韓国棋院など、世界では広く使われています。

2.7 評価関数はどんなものなのか

（すでに何度か登場していますが、ここでもう少し説明しておきます。）

すでに書きましたが、評価関数（evaluation function）

は、局面の良し悪しを得点で表わす関数で、与えられた局面で（自分にわかる範囲内で）最善の１手が何であるかを決めるために使われます。どんな値にするかはプログラマーがまったく自由に設定できます。通常、（コンピューターが）有利であればあるほど正の大きな値となるようにします（が、そうでなければならないのではありません）。

たとえば、あるゲームの局面評価を駒数だけで行なうとしましょう（もちろん、そのような評価の仕方では、たいていのゲームではまともなプレイはできませんが）。この場合は、

評価関数＝「自分（コンピューター）の駒数」－「相手の駒数」

となります。つまり、駒１個得しているなら評価関数の値は＋１、駒１個損しているなら－1です。この評価関数はいいかげんすぎますが、これで評価関数がなんであるかはわかったでしょう？

こんどは、チェスの局面評価を「駒の損得だけ」で行なうことにしてみましょう。（各駒についての説明は第５章で行ないますが）広く用いられている駒の価値の値は、ポーン１点、ナイト３点、ビショップ３点、ルック５点、クイーン９点で、この得点システムを使うと、自分（コンピューター）の駒の全得点から、対戦相手の駒の全得点を引いた値が、評価関数の値となります。たとえば、ナイトを１つ得している（他は持っている駒が同じ）なら、評価関数の値は＋3です。もちろん、チェスの局面評価は「駒の損得だけ」では行ないません（可動性［駒の動かしやす

さ］とかキングの安全性とかポーンの構成とかセンターの支配、等々、さまざまな要素を含めて計算します)。

また、与えられた局面で、(事前の分析・研究によって) 自分が勝つ確率の推定値が計算できるなら、その確率を評価関数とすることもできます。

たとえば、ある局面 (コンピューターの手番) で可能な手が３通りあり、それらの手の後の勝つ確率が下図のようであったとすると、１手の読みだけで自分の「手」を決めるなら「*a*が最善の手」ということになります。

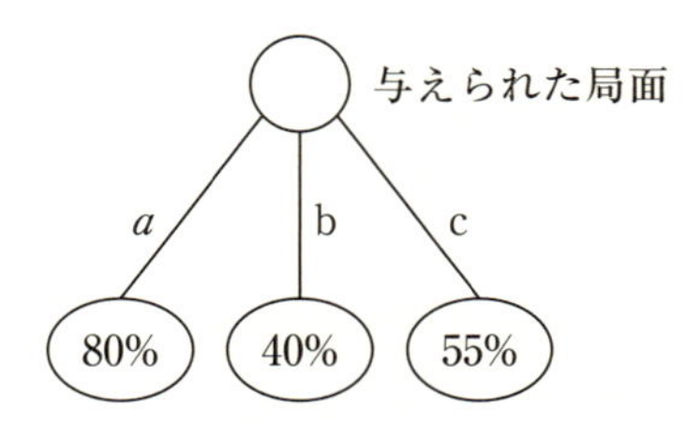

図2.20　1手（1層）のみの探索木の例

読みの深さ (何手先まで読むか) (注) が同じなら、評価関数がより正確に局面を評価できているプログラムのほうが強い、ということは自明ですね。だから、正確であればあるほどいいのですが、正確な評価関数を使うと局面１つの評価にかかる時間が長くなるので、深い読みができなくなってしまう (という致命的な) 欠点があります――対局では、持ち時間という制限がありますから。たとえば、HITECH (前ページの1985年のところにある点がHITECHです) は１秒間で17万5000局面の評価ができたので8手(層) の先読みができましたが、同時代のCHAOSは１秒間で70局面の評価しかできず、読みの深さは4手（層）で、AWITにいたっては１秒間で８局面の評価しかできず、読みの深さは3手（層）でした。CHAOSとAWITはユニークで面白いので、第５章で詳しく紹介します。

注　「読みの深さ」の意味についての説明は不要かと思いますが、意味を誤解する読者が多少いるかもしれませんので、それについて説明しておきましょう。

たとえばゲーム開始時に駒に触れずに「先手の１手目、後手の１手目、先手の２手目、後手の２手目」の変化の１例を考えたのなら、４層の読みをしたことになります（もちろん、読みの深さ4層のすべての変化を考えたのではありませんが)。

一方、これとは異なり、先手が初手を、Ａという手にしようか、Ｂという手にしようか、Ｃという手にしようか、と考えた（その後の変化はなにも考えなかった）のなら、３種類の初手候補を考えたのであって、読みの深さは１層です。

読みが非常に深いプログラムなら、評価関数は簡略版であっても、非常に強いプログラムとなります。ちなみに、1965年にICCF（国際通信チェス連盟）の世界チャンピオンとなり、HITECHの作者でもあるバーリナー（Hans Berliner）(注)は、評価関数が駒の損得だけのものでも読みの深さが20手（20層）であればチェスの世界チャンピオンに勝つだろう、と1980年代中ごろに述べていました。

また、評価関数が局面評価を正確に表わした値を得られるものなら、読みが浅くても、かなり強いプログラムになります（ゲームの特性にもよりますが、非常に強いプログラムになりえます)。

ちなみに、デュードニーは1986年にサイエンティフィック・アメリカン誌のコラムで、「局面評価が完璧であれば、読みの深さは1手（層）だけで十分である」と述べていますが、これは正しくもあり、間違いでもあります。たとえば、完璧な局面評価が「引き分け」であることを示した場合、引き分けにしたいなら１手の読みで十分ですが、相手が間違える可能性があるなら――相手が思考能力ゼロであるがゆえに間違えるのではなく、ふつうの思考ができる相手がよい手として選びそうな手が実は間違いの手である、という事態が発生する局面になる可能性があるなら（実際、そういう局面になることはふんだんにありますが）――その場合は、そういった局面になる道を選ぶべきで、その道を選ぶためには深い読みが必要です。

注　1929年生まれ。彼が作ったバックギャモン（backgammon）のプログラムBKG 9.8は1979年に、バックギャモンの世界チャンピオンになったばかりのヴィラ（Luigi Villa）とマッチをして、7-1で勝ちました。これは、すべてのゲームを通して世界チャンピオンにAIが勝った初めての出来事でした。

game	BKG 9.8		Villa
1	2	−	0
2	1	−	0
3	2	−	0
4	0	−	1
5	2	−	0

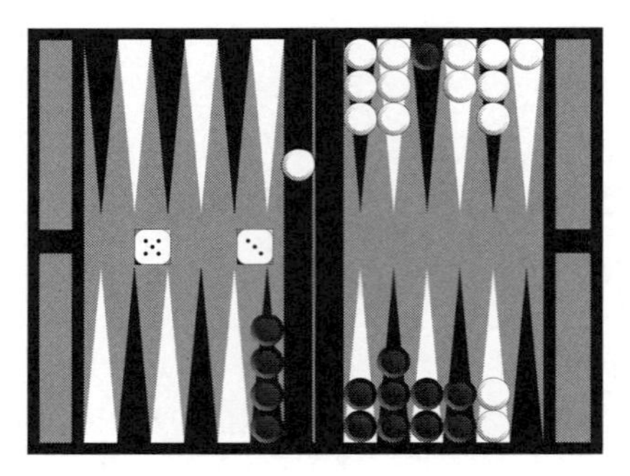

図2.21 バックギャモンの局面例

AI勝利のこの瞬間にタイムスリップして、その瞬間を体験したい人は多いでしょうから、バーリナーがサイエンティフィック・アメリカン誌に書いた文を［拙訳で］以下に引用しましょう。これであなたもその瞬間を追体験できるでしょう。

このようにマッチが終わったことを、私はほとんど信じ

ることができなかったが、プログラムは確かに勝ったのだった。第3ゲームと最終ゲームでは［サイコロの］運がよくて勝ったのだけれど、プログラムのプレイにはひどくまずい点はなにもなかった。見物人たちはマッチが行なわれていた部屋に殺到した。カメラマンたちは写真を撮り、レポーターたちはインタビューを求め、集まっていたエキスパートたちは私にお祝いを述べた。ただ1つ、その光景を損なうものがあった。たった1日前に世界タイトルを獲得して彼自身のバックギャモンの経歴の頂点に達したヴィラが打ちひしがれていたのだった。私は彼に、このような結果になったことについての遺憾の意を述べ、彼の方が優れたプレイアーであることは私もわかっています、と伝えた。

そして、ジェラミー・バーンスタイン（Jeremy Bernstein）はニューヨーカー誌（The New Yorker）で以下のように述べました。

「今やバックギャモンは、計算機が世界チャンピオンとなった初のゲームである。チェッカー、チェス、囲碁なども ほどなく（probably quite soon）これに続くだろう」

《余談》 1手の読みで……

どんなゲームであっても、平均的な人の読みはとても浅く、それ以上に悪いことに、形勢判断はムチャクチャです。そのため、大ざっぱな形勢判断で、かつ1手だけの読みのAIでも、大半の人とはまずまずの勝負をします（初心者にはたいてい勝ちます)。

チェスの例は第5章で登場します。以下は、オセロのささやかな例です。

私は今から20年以上前に、日本経済新聞社の専用端末使用のオンラインサービスに遊びのメニューとしてオセロ(ユーザーがコンピューターと対戦するもの)を加えたのですが、そのプログラムの一番弱いレベルですら極端に強すぎたため、私は上司から「もっと弱いレベルを加えてくれ」と、当然ながら頼まれました。

そこで、私は1手だけの読みのプログラムを加えました。わざと負けるプログラムに勝ってもユーザーはうれしくないので、「AIが(弱いながらも)一生懸命考えている」とユーザーが感じられるような、まじめにゲームをするプログラムです。

評価関数は、以下のような大ざっぱなものでした。

可能な着手のすべてについて、それぞれ着手後の局面を作ってみて、「相手(人)が着手可能な地点」(a)がなるべく少なくて、かつ、「自分(コンピューター)の着手可能な地点」(b)——自分の手番ではありませんがそれは無視——がなるべく多い局面となる着手をコンピューターの次の1手とするための評価関数です。

具体的には、評価関数は、$\frac{b}{a+1}$ だったように思いますが、はっきりとは覚えていません。〔$\frac{b}{a}$ で上記の目的「aがなるべく少なく、bがなるべく多く」をみたす評価関数となりますが、これでは分母が0になってしまう場合があるので、分母になんらかの値を足したのです。足した値は0.1だったかもしれません。〕

なお、ボーナス点として、

・各コーナーへの着手には、大きなプラスの点を加算。

・「各コーナーから中央に向かって斜め隣りのマス」への着手には、大減点。

——の２点も評価関数に加えていました。

ただし、盤上に残りのマスが少なくなってからは、上記の評価関数を使わずに、自分の駒がより多くなるように着手する形にしていました。

こうして出来上がった初心者向け版オセロは、私がいろいろ見たかぎりでは、多くの人といい勝負をして（これでも勝つことが多かったのですが、しばしば惨敗もして）人を存分に楽しませる作品となりました。

第3章
完全解析の仕方

2人で行うチェスやチェッカーなどで、自分の手番のときに、どの手がベストであるかを解析する方法はあるのだろうか。その完全解析する方法の基礎を学びます。

3.1 完全解析入門

チェスやチェッカーなどのような、２人で行なう完全情報ゲームでは、自分の手番のときに「すべての情報が与えられているその局面で、どの手がベストか」を考えることになります。つまり、パズルを解くのと同じです。解がわかればいいのです。

したがって、完全に解析しつくせるなら、解析すべきです。

そして、完全解析の結果をデータとして持っていれば、人と対戦する際に、そのデータベースを参照するだけで、完璧なゲームをすることが可能です——たとえば、先手必勝のゲーム（先手に必勝手順が存在するゲーム）で、後手の場合は、先手の人が失着をしたら、その後はAIが100％確実に勝てるのです。

ここで遊びとして、単純なパズルを２問解いてみましょう（これをして、完全解析の効用を実感してみましょう）。次のゲームでの問題です。

『最後のリンゴを取るのは誰？』

このゲームでは、対戦する２人が交互にリンゴをボード上から取り除きます。そして、最後のリンゴを取った人（ボード上にリンゴがない状態にした人）の負けです。

１回の取り方は「任意の１つのグループから、１個以上（何個でもOK）のリンゴを取り除く」のです。

例　右図の局面であなたの手番なら、楕円で囲んだ２つを取れば、あなたの勝ち。

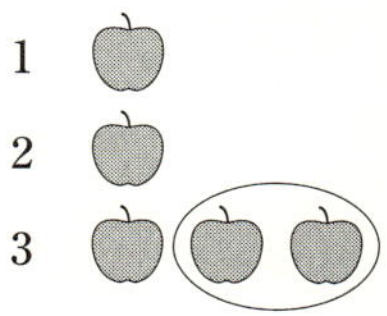

1
2
3

図3.1

残りが１つずつの３群なので、このあと順に、相手、あなた、相手がリンゴを取って（各手ごとに取るのがどの群であろうとも）、相手の負けです。

問題１でも問題２でも、３つのグループがあります。どちらの問題でも、あなたの手番です。あなたはどう取りますか？
（「勝ち」の取り方は１通りだけです。それ以外の取り方をしたら、あなたはAIに負けます）――答えは本項末89ページに。

問題 1

図3.2

問題２

図3.3

単純なゲームの場合、解析結果をデータとして持っていればOK、ということはこれでわかりますね。
（ちなみに、いま例として使ったゲームはあまりに単純なゲームなので、じつは解析結果をデータとして持っていなくてもAIは完璧なプレイが可能です――単純な計算だけでいいのです。が、この点は、本項の論点から外れるので、そのことには本書ではこれ以上触れないでおきましょう。）

なお、このゲームは、下記のページでコンピューターと対戦ができます（私がむかし作ったページです）。コンピューターの〝神の一手〟（これは比喩表現で「最善手であることが100％正しい手」の意。マンガ『ヒカルの碁』以来、囲碁でよく使われますね）をこのページで手軽に体験することができるので、ぜひ対戦してみてください。

http://www.geocities.co.jp/Playtown-Bingo/7274/peach.html

AIが何を考えているか

ところで、上記の問題を真剣に考えた人はたぶん気づいたでしょうが、「AIに何をどのように考えさせるか」は、あなた自身が局面解析のためにどう考えたかをそのまま機械に計算させればいいのです。あなたが考案したアルゴリズムを、機械は忠実に実行するだけです。そして「AIに何をどのように考えさせるか」がわかるなら、当然「AIが何を考えているか」も、あなたにはもうわかりますね──少なくとも「漠然と」くらいには。

余談

さて、ここでちょっと余談ですが、あなたはもう「AIが考える」という表現での「考える」が人間的な「考える」ではないことはわかっているでしょう。それと同じことですが、「AIが学ぶ」という表現での「学ぶ」も、人間的な「学ぶ」とは異なるのです。

完全解析の結果をデータベースとして持っているなら、人間的な「完全に学んだ」と表面的には同じことですが、実際にAIが人間的な意味で「学んだ」のではありません。しかし、機械学習の文脈では、これを（AIが）「学んだ」というのです。

いえ、完全解析結果ではなく、何らかのわずかなデータであっても、AIがプログラム実行中に参照できるように用意したなら、もちろん「学んだ」といいます。プログラマー（人間）がデータをプログラム中に書き込んでそのようにした場合でも、そうです。
AIが「学ぶ」とは、こういうことです（これについては本書冒頭ですでに書きましたが）。

完全解析例――チェッカーの場合

チェッカー（簡単にいえば、相手の駒を全部取ってしまえば勝ち、のゲーム）は「単純なゲーム」といえるほど単純ではないのですが、それでも2007年に完全解析されました（これについてはあとで詳しく述べます）。そのため、以下のようなことが（データベースを参照するだけで、AIには）わかるのです。
［ちなみに、以下のゲーム例を見れば、チェッカーを知らない人でも、それがどんなゲームか、漠然とは察しがつくだろうと思います。あとで、121ページのところで、ゲームの仕方をざっと説明しますが、いまそれを見ておきたい人は、そこへ行ってきてください。］

以下、ゲームの進行を１手ごとに図示します。
初手12-16は（後手・白にとって）危険な１手。［12-16の後の局面が左下図］

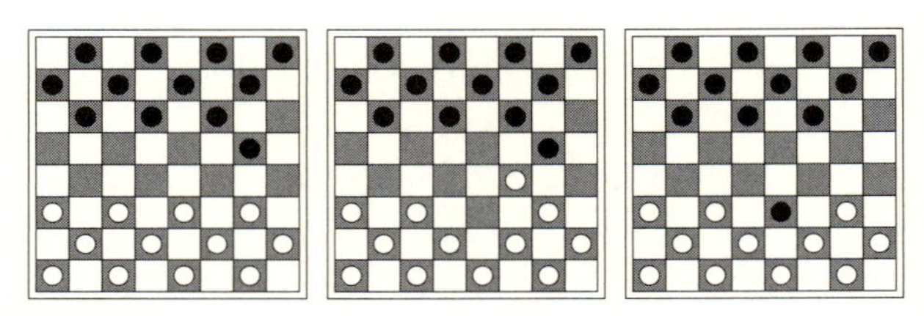

図3.4

これに対し、後手が23-19［この手の後の局面が前ページの中央の図］とするのは大失着で、黒16-23［前ページ右図］のあと、白がその黒駒を、どちらの白駒で取り返しても［下図のどちらにしても］、黒の勝ちです（黒に必勝手順が存在します）。

図3.5

いやはや、ここで白がすでに負けを避けられないとは、まったく絶句ものですね。このようなことは人間には解析不可能で、ゲーム中にはわかりようがありません。一方、「神の一手」を〝学んだ〟CHINOOKは――完全解析結果をデータベースとして持つCHINOOKは――ゲームごとに毎回深読みする必要すらないのです。

85ページの問題の答え

問題１の答え
グループ３から３つ取る。――この手のあと、あなたは必ず勝てることを、あなた自身で解析してみてください。

問題２の答え
グループ１から２つ取る。

3.2 完全解析の基本とそのコツ

AIが何を考えているか——というよりも、コンピューターに何をどのように計算させたらいいか——は、あなた自身がコンピューターになりきってみるとよくわかるでしょう。

コンピューターができるのは計算のみです。（人間的な意味で〝学ぶ〟ことができないだけでなく）直感的な判断はできません。「経験的になんとなくわかる」というようなこともできません。そういったことを体得するために、もう１例、コンピューターになりきってみましょう。

今回、例として取り上げるのは、チョンプ（Chomp）［かみ取り（the act of gripping or chewing off with the teeth and jaws）の意］という、２人で対戦するゲームです。まずルールを説明します。

ゲームに使う長方形チョコレートのサイズは任意です。各かけら（ブロック）は必ずしも正方形である必要はありませんが、ゲームを解析しやすいように、以下の図では正方形のものを使います（次の図は、かけら18個からなるチョコレートの例）。

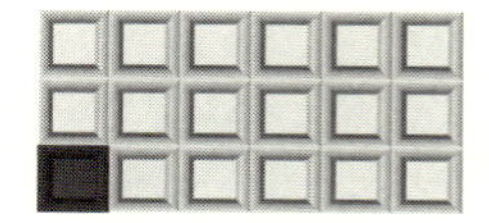

図3.6

ルール

対戦する２人が交互にチョコレートをかみ取っていき、左下のかけら（色を変えてある部分）を取った人の負けです。

かみ取り方は、残っているチョコレートの任意のかけらを選択することで決まり、そのかけらを含む右上部分をすべて取り去ります。

ゲーム中にチョコレートを回転させてはなりません。

たとえば左下図（３×６のサイズでのゲーム開始時の図）で先手が×部分を選択した場合は、太線の右上部分がすべてかみ取られて右下図となります。

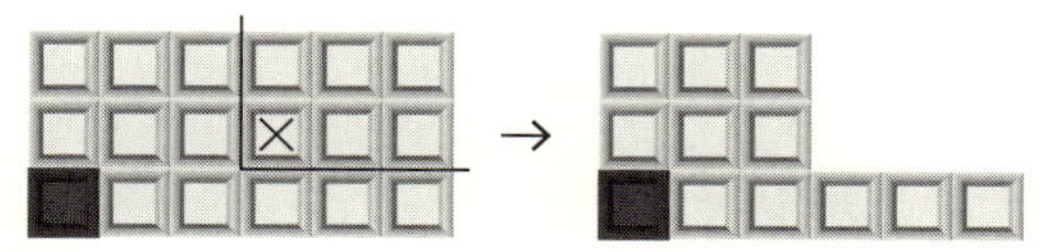

図3.7

また、ここで後手が左下図の×部分を選んだなら、右下図のようになります。

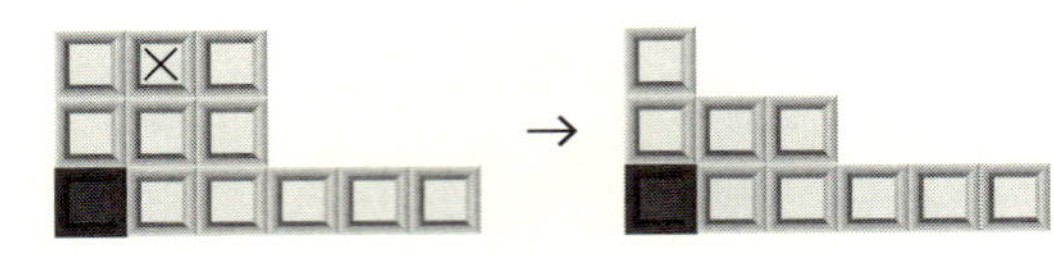
図3.8

さらにここで先手が左下図の×部分を選んだなら、右下図のようになります。

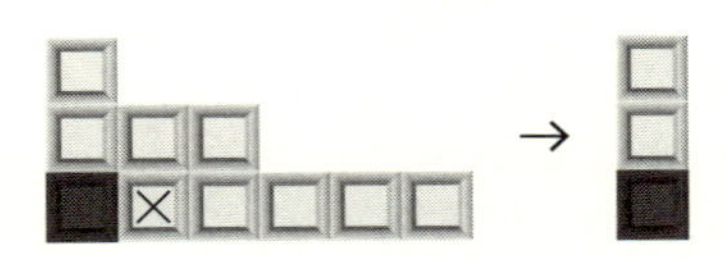
図3.9

ここで後手は、上側の２つのかけらを取れば、勝ちですね。

このゲームは、スタート時のチョコレートがどんなサイズでも（もちろん１×１でスタートなら別ですが）、先手に必勝手順があります。

さて、ここで問題です。これらの問題をどう解くかを考えてみてください。コンピューターにどのように解かせるか、ではなく、あなたがどう解くか、を考えてみてください。そうすれば、「コンピューターにどのように解かせるか」はおのずからわかるでしょう。

問題１　３×４のサイズのチョンプで、先手の「勝ちの１手」は何？

図3.10

問題２　３×５のサイズのチョンプで、先手の「勝ちの１手」は何？

図3.11

問題３　４×５のサイズのチョンプで、先手の「勝ちの１手」は何？

図3.12

問題４　４×６のサイズのチョンプで、先手の「勝ちの１手」は何？

図3.13

なかなか面白いゲームですね。ゲーム前にあらかじめ解析していない人は、たとえ先手でも、すでに完全解析を終えたあなたにはまったく勝てないだろう、ということは、容易に予想がつくでしょう？

では、ゲームを具体的に解析していきましょう。本例では最後の局面から解析を始めます。

まず、下図の残し方をすれば当然ながら、勝ちです（これは必勝の残し方です）。

図3.14

というわけで、下図の残し方をすれば勝てますね（これは必勝の残し方です）。白チョコ部分が2ヵ所あるのですが、この後、相手がその一方を取ったら、あなたは他方を取ればいいのです。

図3.15

これがわかると、下の２図も必勝の残し方であることがわかりますね。（したがって、ゲーム開始時のチョコレートの形が正方形なら、このようにかじり取れば、勝ちです。その後あなたは、縦と横の長さが同じになるように残していけばいいのですから。）

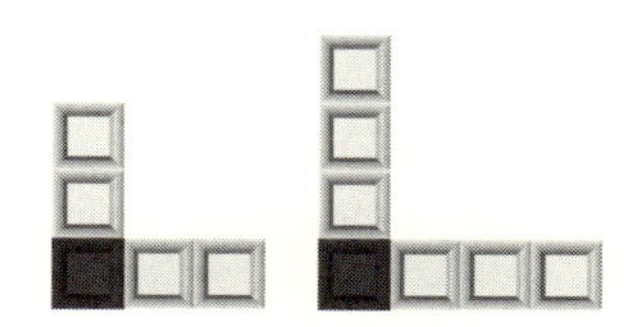

図3.16

また、下の５図も必勝の残し方であることがわかります。

図3.17

［確認の一部］

相手が右図でaと取ったら、あなたはbと取ればいいですし、相手がbと取ったら、あなたはaと取ればいいですね。

図3.18

これらがわかると、下図も必勝の残し方であることがわかります。確認してみてください。（このように残すのが問題１の「勝ちの１手」です。）

図3.19

図3.20

［確認の一部を示しましょうか］

相手が右図でaと取ったら、あなたはd、相手がbと取ったら、あなたはc、等々。

もちろんわざわざ言及するまでもないでしょうが、この縦と横を逆にした下図も必勝の残し方です。

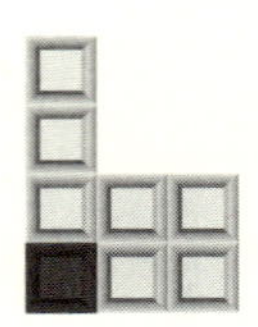

図3.21

そして、下図も必勝の残し方であることがわかります。

図3.22

そして次に、下図も必勝の残し方であることがわかります。（このように残すのが問題２の「勝ちの１手」です。）

図3.23

また下図も必勝の残し方であることがわかります。

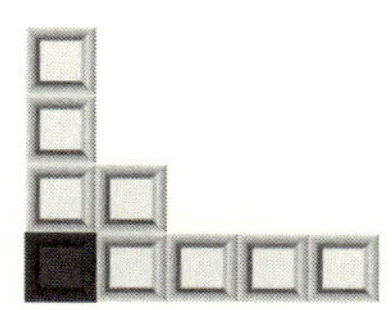

図3.24

そして上図がわかると、下図も必勝の残し方であることがわかります。（このように残すのが問題３の「勝ちの１手」です。）

図3.25

また、下図も必勝の残し方であることがわかります。（このように残すのが問題４の「勝ちの１手」です。）

図3.26

さて、コンピューターになって考えた感想はいかがでしたか？　問題２の答えがわかったころには、なんらかの発見をしたのではありませんか？　そして、それはたぶん、以下の、完全解析の基本兼コツに類したものだったのではありませんか？

★単純な事柄からチェックを始める。

★「すでにわかっていること」をもとに、「わかること」の量をどんどん増やしていく。

なお、最終局面からさかのぼって分析していくことを、後戻り分析（retrograde analysis）といいます。この要領で、チェスの終盤（endgame）やチェッカーは解析されました。

ちなみに（単なる回顧話ですが）私はチョンプや後出の単色３目並べなどを完全解析したあと、前述（第２章最後）の日経新聞社のオンラインサービスに加えました（チョンプは先手に必勝手順が存在するので、コンピューターは常に後手としました。単色３目並べでは、人が先手・後手のどちらも選択できるようにしました）。ゲームの解析をするのが仕事だった楽しい時期でした。

3.3 完全解析の歴史を少々

——世界を驚嘆させた出来事——

チェスで駒数が５以下の終盤が、ケン・トンプソン（Kenneth Thompson, 1943-）［当時、ベル研究所のプログラマー。世界のチェスファンにとっては本解析で特に有名］のプログラムによって完全解析されたのは1986年でした。８月26日のニューヨーク・タイムズ紙に、それについての長い記事が載った時は世の人々はまったくたまげたものでした。

紙面に例として取りあげられたのは下図の局面です（なお、チェスのことをまったく知らない人は、チェスのゲームについての説明（150ページ）を先に見るといいかもし

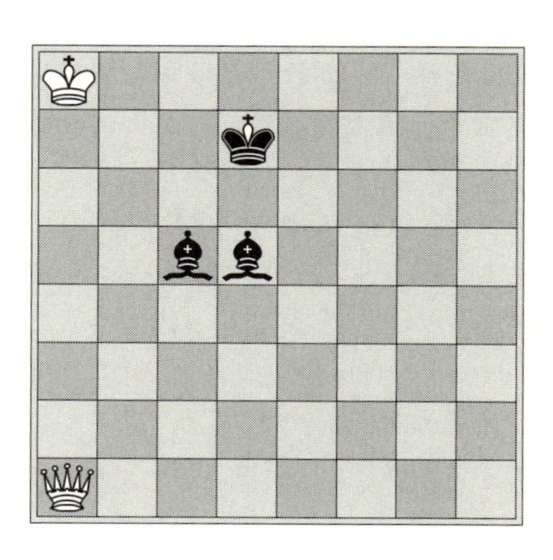

図3.27

れません）。

この図（白の手番――いまは白のキングにチェックがかかっているので、初手はKb8とキングが逃げなければなりません）から、白クイーンが黒ビショップ２つのうちの１つをただで取れば、そのあとは白が勝ちきるのは簡単なのですが、１つをただで取るのは人間には至難のワザ。その目的を達するためにはこの図からは最短で71手（71回目の自分の手番。囲碁式に数えると141手目）であることをコンピューターが発見し、その棋譜が、完全解析の一例として新聞に掲載されたのでした。

なお、その３年後の1989年に、ケン・トンプソンはチェッカーでも、駒５つの終盤の完全解析を行ないました。

同年ですが、それ以前に、第１回コンピューター・オリンピアッドのチェッカー部門でCHINOOKが優勝。このときCHINOOKは駒４つ以下の終盤の完全解析結果を持っていて、それが優勝の最大の理由だった、と作者たちは述べています。

CHINOOKはティンスリー（Marion Tinsley, 1927-1995）と対戦した第１回「人対マシーン」世界チェッカー選手権（1992年）のときと第２回（1994年）のとき、および、ラファーティー（Don Lafferty, 1933-1998）と対戦した1995年のタイトル防衛戦のときは、駒７つ以下の完全解析結果と駒８つの部分的解析結果を持っていました（Schaeffer, *Game Over*［文献参照］による）。

CHINOOKは世界チャンピオンのまま1997年にリタイア。CHINOOKのプロジェクトはその後、チェッカーの完全解析を始めました。完全解析の作業中はパソコンを、最多時には200台ほど同時に使っていたそうです。そして――

チェッカーは2007年に完全解析されました。双方が最善をつくせば、ゲームは引き分けとなります。
――と、これだけ読んだところで、チェッカーを知らない人は、「ふーん」くらいにしか思わないかもしれませんが、この解析は当然ながら、人間には不可能な大快挙でした。

キング「２対１」の終盤ですら、初心者にはかなり難しいので、それを考えてみてください（下の問題です。ゲームの仕方は116ページにあります。キングがなんであるかも、そこに書いてあります）。チェッカーを友人と数ゲームしてみただけの人の場合、この終盤でどのようにしたら勝てるのかがわからなくて引き分けにすることが多いのではないかと思います。これを解こうと試みたあとなら、完全解析の大快挙が実感できることでしょう。

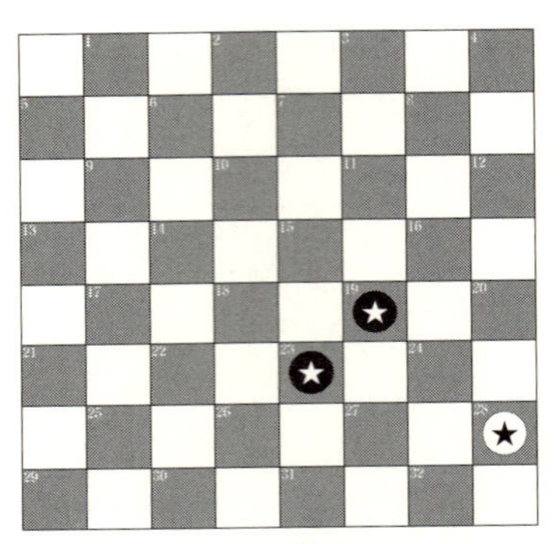

図3.28 キング「2対1」の終盤の問題

黒の手番です。どのようにしたら勝てますか？

勝ちが自明となるところまでを示してください。

（黒が勝つためにはまず、白のキングをコーナーから追い出さねばなりません。）

答え（棋譜の表記方法は126ページにあります）

1. 23-27 28-32 2. 19-23 32-28 3. 27-32 28-24 4. 32-28 24-20 5. 23-18 20-16 6. 18-15 16-20 7. 15-11

3.4 枝刈りとハッシュ表

今度は、単純なゲーム「ドミノならべ」で、ゲームの完全解析の別タイプの方法を実体験してみましょう（その中で、あなたは「枝刈り」と「ハッシュ表」がなんであるかを知ります）。

まず、本説明用に使うボードは、小さな正方形９つからなる以下のものです（棋譜表記用に、各マスに番号を振ってあります）。

1	2	3
4	5	6
7	8	9

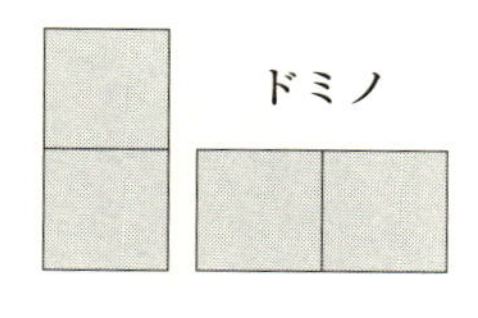

図3.29

ゲームは２人で行ないます。

互いに手番のとき、小さな正方形２つ分の形のドミノ１つを、横向きか縦向きに置きます（ボードの正方形と重なるように）。

手番なのに置く場所がなければ（その手番の人の）負けです。

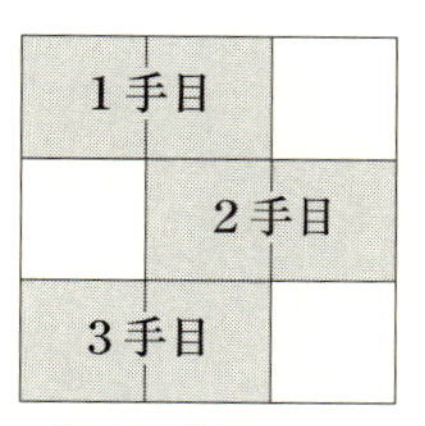

図3.30　3手目で先手が勝ちとなったゲーム例
（1手目　1&2、2手目　5&6、3手目　7&8）

ではさっそく、完全解析を始めましょう。

初手は12通りあります（1&2, 2&3, 4&5, ..., 6&9）。

回転・鏡映などを同じものとみなすと、初手は、コーナーを含む1&2と、コーナーを含まない5&8の２通りだけです（２通りに減らせます）。この２通りを分析することで、実質的には全12通りの完全解析をしたことになります。

このように、チェックする選択肢を減らすことを、枝刈り（pruning）といいます。本ゲームは原理説明用の単純なゲームですが、チェスなどの複雑なゲームでは、より深く読むために、**探索のムダを省く**ことが非常に重要となります。そのための枝刈りなのです。

さて、先手の1&2に対して、後手が5&8としたら、下の配置図となります。

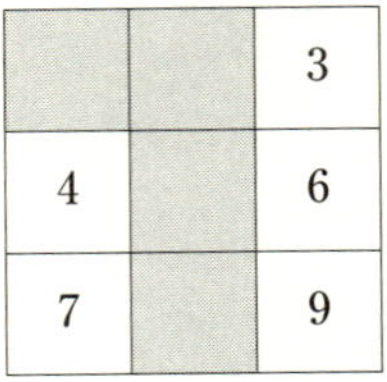

		3
4		6
7		9

図3.31

ここで、

① 先手が4&7としたら、後手は3&6で勝ちです（わざわざチェックする必要はありませんが、6&9でも勝ちです）。

② 先手が3&6（or 6&9）としたら、後手は4&7で勝ちです。

したがって、先手1&2に対しては、後手5&8で、後手の勝ちです。

先手の勝ちを＋1、後手の勝ちを−1で表わすと、以上の内容は、下のような樹状図の形に描けます（これを探索木［search tree］といいます）。○の部分は各局面を意味します。たとえば、最も上の○はゲーム開始時の局面、ａのところの○は、1&2の手の後の局面です。

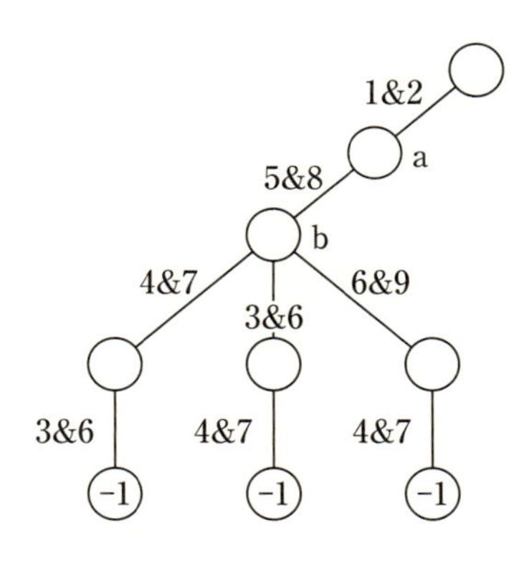

図3.32

この図では、読みの深さは４手（４層）です。

探索木の末端の値がすべて−1なので、ａ以下のすべてのノード（node、図の○部分）の値［局面評価の値］は−1となります（頭の中で書き込んでおいてください）。

ノードａのところからは別の枝を書くこともできますが、5&8で後手の勝ちなので、別の枝をわざわざチェックする必要はありませんね（だから省略します――枝刈りです）。

ところで、初手は1&2のほかに5&8があるので、そのチェックを次にせねばなりません。

初手の5&8に対し、後手が1&2とすると、すでに図にあるｂのノードのところの配置図と一致し、ｂの評価は（すでにあなたの頭の中で書き込んである通り）－1なので、後手の勝ちです。

《このように、すでに分析した局面（の一覧表）を参照することで、探索をムダに繰り返すことを避けられます。この方法は、ハッシュ表（hash table）の利用、といいます——表を使った枝刈りです。》

さて、以上で以下の探索木ができあがります。

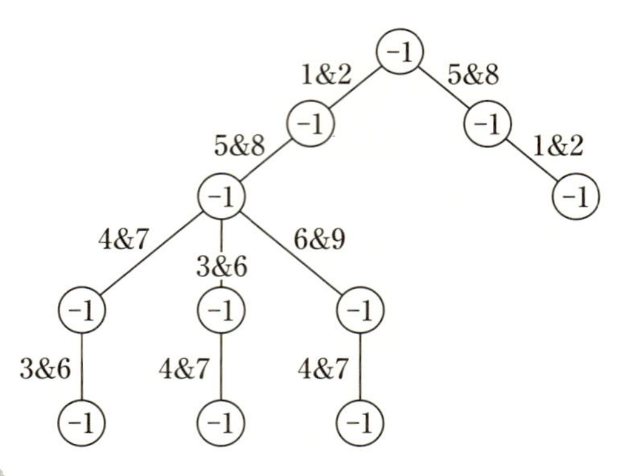

図3.33

——というわけで、ここで完全解析は終了します。結論は、「このゲームは［スタート時の局面で］、後手の勝ち（後手に必勝手順が存在する）」です。

枝刈りをしたのでずいぶんまばらな枝の木となりましたが、これで実質的に、刈る前の枝も含めてすべての枝をチェックしたことになります。このような「枝すべての探索」をすることを「力づく探索」といいます（brute force search, ハイフンを使ってbrute-force searchとも書かれます。これは力ずく探索とかしらみつぶし探索などと訳されていますが、全探索の意です）。チェスのように、複雑すぎて完全解析ができないゲームでは、「力づく探索」は通常、読みの深さを限定して、その層までで行なわれます（これに関しては今後、何度も登場します）。

3.5 ミニマックス・アルゴリズム

チェスやチェッカーで、「手」を選ぶ大基本の方法は、ミニマックス・アルゴリズム（minimax algorithm）です。これがどんなものであるかを以下、「先出しジャンケン」の例を使って説明します。

「先出しジャンケン」

あなた（コンピューター）が先手です。あなたは、グー、チョキ、パーのどれでも出せます。

後手（あなたの対戦相手である人間）が出せるのは、パーかチョキです。後手はあなたの手を見てから、後出しをします。

結果を表わす数値として、あなたの勝ちを+1、引き分けを0、あなたの負けを−1で表わすことにします。

すると、以下の図が描けます。

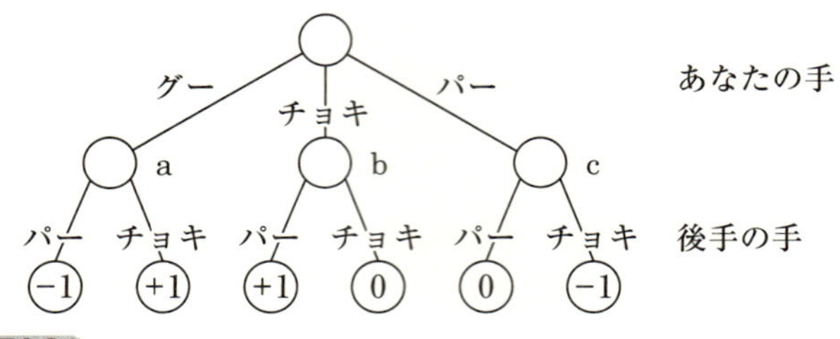

図3.34

後手が（当然ながら）自分自身にとって可能なかぎり有利になるような手を選ぶとすると、結果の評価値が「最小」となるように手を選ぶことになります。

したがって、aのノードの値は、その下のノードのうちの最小値である−1が入ります。

bのノードのところには、その下のノードのうちの最小値である0が入ります。

cのノードの値は、その下のノードのうちの最小値である−1が入ります。

あなた（コンピューター）もまた自分自身にとって可能なかぎり有利になるような手を選ぶとすると、結果の評価値が「最大」となるように手を選ぶことになります。そして、a（=−1), b（=0), c（=−1）のうちの最大値は0ですから、結局あなたの初手はbに至る枝「チョキ」がベストで、結果の評価値（ゲームスタート時のノードの値）は0「引き分け」となります。

このように、相手は値の最小値を選び、あなたは最大値を選ぶ方法で、（与えられた局面で）選択すべき枝がなにかを決定するのが、ミニマックス・アルゴリズムです。

3.6 α－β枝刈り

ところで、前項の探索木にムダがあることに気づきましたか？　その類いのムダを省く方法を説明するのが本項です。

（前項の繰り返しをしますと）先手のグーに対して後手がパーを出したら、後手の勝ち（−1）です。

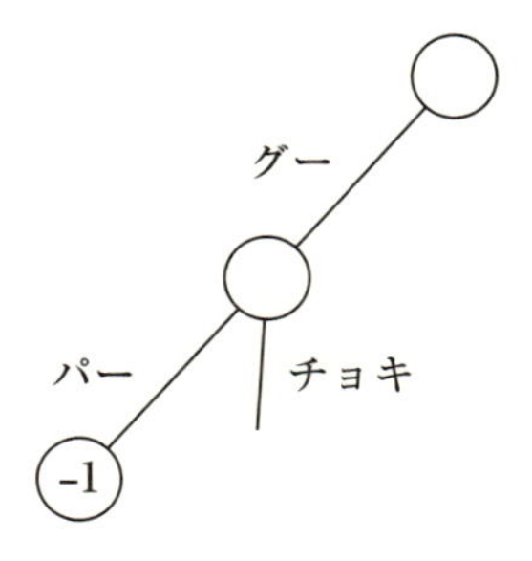

図3.35

−1は本ゲームで後手の望める最小値なので、それを確認したら、パー以外の枝をあれこれ（ここではチョキだけですが）さらにチェックする必要はありませんね。したがって、その部分のチェックをすべて省略できます。

この枝刈りは既出のとおりです。以下、α－β枝刈りの説明に入ります。

さて、今度は評価関数を用いたことにします（複雑なゲームであるために完全解析ができなくて、形勢判断によってあなたの手を決めようとしている、という状況です）。その評価関数の値は、あなた（コンピューター）が有利であればあるほどプラスの大きな値、互角は0、あなたが不利ならマイナスの（絶対値が）大きな値とします。

探索木の作成途中図が以下のようであったとしましょう（このゲームがなんであるかは最善手の選択にはなんら関係がありません。与えられた局面で、あなたの可能な手は２通りで、それに応じる相手の手は下図のとおり、という局面です）。

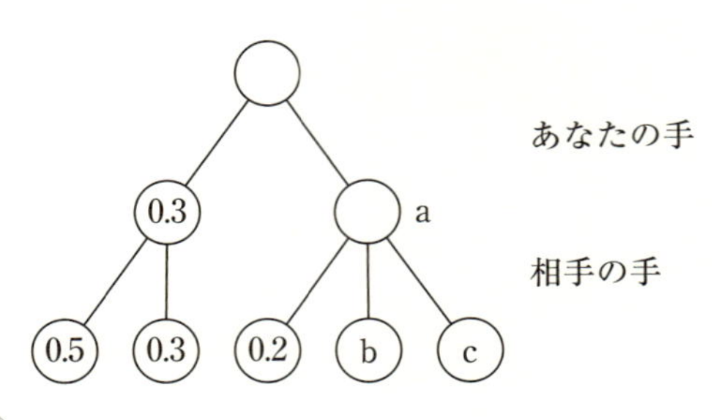

図3.36

ｂやｃの値がなんであろうとａは0.2以下となります（後手は0.2, b, cの中の最小値を選びますから）。したがって、あなたはａのノードの枝を選ぶことはありえません（0.2以下の枝よりも、その左の0.3の枝のほうがよい手ですから)。

それゆえ、ｂやｃのノードを評価する必要はなく、ｂやｃのゲーム局面図を作ることも省略して、ａの枝を刈ってしまえます。

これが$\alpha-\beta$枝刈りで、そのうちの、あなたの手の枝を刈る例です。

さて、今度はヨミがもう少し深い図です。

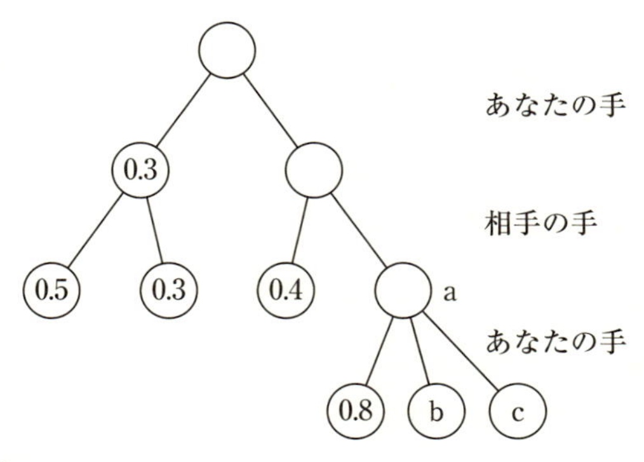

図3.37

ｂやｃの値がなんであろうと、ａは0.8以上となります(あなたは可能な限りの大きな値を選ぶので)。したがって、(相手は最小値の枝を選ぶがゆえ) ａのノードの枝を選ぶことはありません (その左の0.4のノードの枝のほうが相手にとってはよい手なので)。それゆえ、ｂやｃのノードの評価や局面図の作成を省略して、ａの枝を刈ってしまえます。これが$\alpha-\beta$枝刈りのうちの、相手の手の枝を刈る例です。

以上のタイプの枝刈りを α - β 枝刈り（alpha-beta pruning）といいます。

なお、「力づく探索」中でこれを行なっても行なわない場合とまったく同じ結果が得られます。そのため、α - β 枝刈りを行なっている「力づく探索」も、「力づく探索」とよばれます。

対戦型AIでは、探索速度が命（最重要）です。α - β 枝刈りで探索時間は劇的に減ります[注]が、まだまだ減らせます。そのための小技は、チェスの章で時系列で紹介していきます。「小技」とはいっても、それらこそがAIを極端に強くした重要なテクニックで、人類を超える強さの根源なのです。

注 どれほど減るかは読みの深さや個々の局面の状態によって極端に変わりますから一概には言えませんが、全部で10^4通りの局面図をチェックすべきときにそれが20局面チェックするだけですむなら、1/500［ほど］の時間ですむのです。

3.7 「行きつ戻りつ」

完全解析の方法の1つにバックトラッキング（backtracking）というものがあります。語の意味は「あと戻り」ですが、方法の内容は「行きつ戻りつ」です（とはいっても、同じ場所を行ったり来たりではありませんが）。これは「手順の問題」等の単純な問題を解いたり、単純なゲームを完全解析するのに有効な方法の１つなので、紹介しておきましょう。

原理は、迷路を解くのと同じで、行き詰まったら最後の分岐点まで戻って、別の道を行く、というやり方です。

以下、「単色３目並べ」の例の中で、これを説明します。

《単色３目並べ》

ボード（本書では６×６）上に、先手と後手の２人が、同じ色の石を交互に置いていきます。すでに石があるマスには石を置けません。

３（４や５でも可）の並びを作った人の勝ちです。

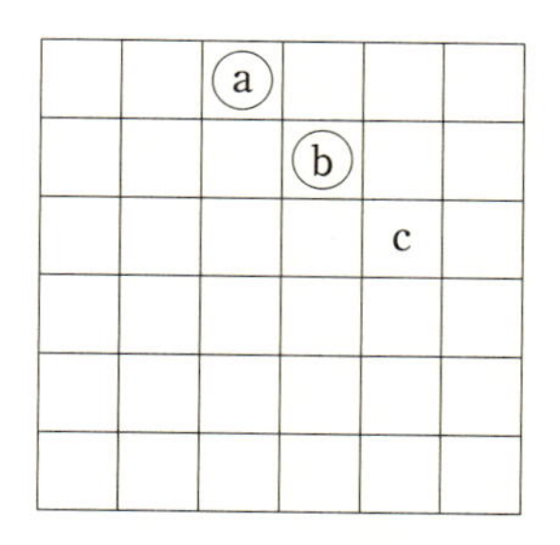

図3.38　ゲーム例

先手のａに対して、後手がうっかりｂに置いたところ。ここで先手がｃに置けば「３」で、先手の勝ち。

【解析方法】

では解析していきましょう。

まず、各マスに数字を割り当てます。ランダムに割り当てていいのですが、本説明用には、１行目の左から右に１～６、２行目の左から右に７～12……等々とします。また、石は数字の若い順に置くことにします。

１手目をまずマス１に置きます。すると、下図のアミカケ部に他の石を置けなくなります（置くと負けるので）。

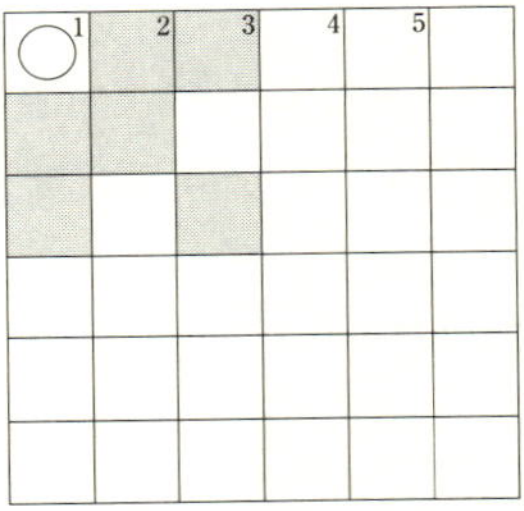

図3.39

２手目は（マス２とマス３に置けないので）マス４に置きます。すると他の石を置けない部分は以下のようになります。

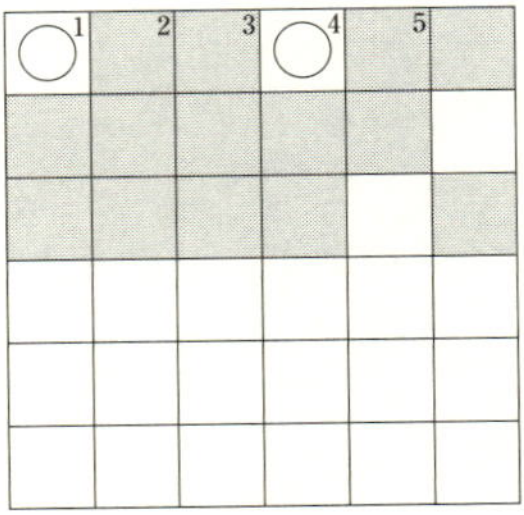

図3.40

こうして順に石を置いていくと、下図のように、いずれどこにも石を置けなくなります。

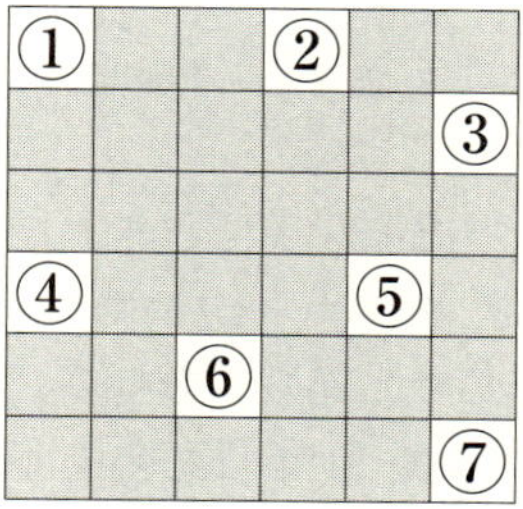

①			②		
					③
④				⑤	
		⑥			
					⑦

図3.41

上図のように、もしも８手目が置けないのなら、（７手目の手で先手が勝ちなので）６手目を変えねばなりません［このように手をさかのぼることをバックトラッキングといいます］。そして新たな６手目に対し、７手目を置き……とまた続けます。

また、右図のように、もしも７手目が置けないのなら、（６手目の手で後手が勝ちなので）５手目を変えねばなりません。そして新たな５手目に対し、６手目を置き……とまた続けます。

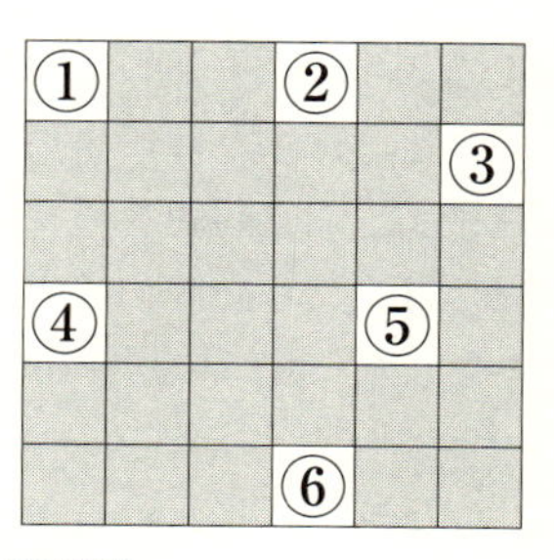

図3.42

こうして行きつ戻りつを繰り返していると、結局、「どの３手目もダメ」という状態が登場します。そうなった場合は、その状態の１手目（α）が敗着で、２手目（β）が勝着、ということです(当然ながら、手順を逆にして、その２手目のところ（β）に先手が初手を置いたら、１手目のところ（α）に後手が石を置いて後手の勝ちです)。それで１手目を変えることになります。

またあるときは「どの２手目もダメ」という状態も登場します。そうなった場合は、その状態の１手目が勝着、ということです。そこで、別の「勝ちの１手」がないかどうかをチェックするため、１手目を変えて、また新たに探索を始めます。

このようにすれば、やがて完全解析が終わります。

文章で説明すると、上記のように長々となりますが、プログラムそのものは（プログラミングの経験がある人ならわかるでしょうが）かなり単純です。

また、後戻りが起こったときの石の配置をすべてファイルに書き出しておけば、「人 vs AI」の単色３目並べのプログラムは、手番ごとに局面を解析せずとも、そのファイルを見に行くだけでよい（勝ちの手番――それが先手か後手かは、下に問題を置く都合で今は秘密にします――でゲーム開始なら必勝、負けの手番でゲーム開始でも、人がヘマをしたらAIが確実に勝てる）プログラムとなりますね。

ちなみに、行きつ戻りつの解析の最中が、機械学習の真っただ中、ということです。

また、上述のファイルを作成したら、機械が記憶学習をした、ということです（記憶学習……わざわざそうよぶのは大げさな気がする命名ですね）。

　では、ここで娯楽のための問題を置いておきましょう。Q1は簡単な問題ですが、Q2は（単純な問題ではあるものの）数学好きでない人にはおそろしく厄介な問題かもしれません。

Q1（簡単な問題）

　先手が、１手目を下図のように置くと負けます。後手の「勝ちの１手」はどこでしょう？

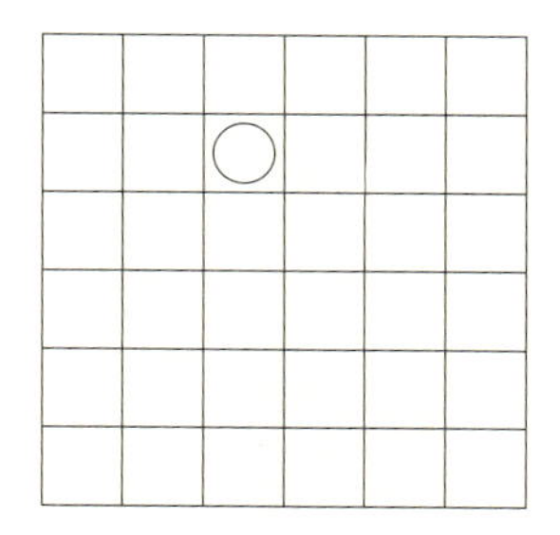

図3.43

Q2

　さて、このゲームは、双方がベストを尽くした場合、先手の勝ち？　あるいは後手の勝ち？
（巻末に答えを置きますが、単に答えのみです。あなた自身で完全解析をしてみてください。手作業で行なっても、数時間かければ、解析できるでしょう。手作業で解析するのもけっこう楽しいですよ。）

第 4 章

チェッカーで人類を超える

第3章までで人工知能の基本的なしくみを学んできましたが、ここからは個別の対戦ゲームで、人間に対する人工知能の進化に触れていきましょう。

チェッカー（Checkers［発音はチェッカーズ］——これは米国の呼び名で、英国ではDraughts［ドラーフツ、と発音］と呼びます）は「深い読みがすべて」といえるようなゲームです。初心者向けには「どのようにプレイするのがいいのか」についての助言がいくつかありますが、「なにも読まずにその助言に従って、たちまち不利になる」ということはよく起こります。結局、自力で深く読まなければならないゲームなのです。

そういうわけで、プログラミングの工夫の歴史はほとんどありませんが、チェッカーはAIが世界チャンピオンになったゲームであるので、黎明期から見ていきましょう。

そこですぐに登場するサミュエルのプログラムは、人工知能入門の本で必ずといっていいほど言及されていますが、書かれている内容は、原典を知らない伝え聞きによるもので、「学習」の意味を人間的な意味でとらえて読者に伝える間違いをしているものが多いですね。その正しい姿を本書では見ることにしましょう。

さて、その前に、チェッカーのゲームの仕方をざっと説明しておきます。これがわからないと、本書の説明で理解できない部分がいろいろでてくるでしょう。わかっていれば、サミュエルのプログラムの本当の姿もかなり理解できるでしょうし、CHINOOKの貴重な棋譜を楽しく（目を丸くして）鑑賞できるでしょう。

4.1

チェッカーのゲームの仕方

これは、相手の駒（英語でmenといいます。「兵」の意味です）をすべて取ってしまうゲームです。相手の駒をあなたが全部取り終えたら、あなたの勝ち。あなたの駒が相手に全部取られたら、あなたの負けです。なお、取られた駒はボード上から消えます（取った人がその駒を使うことはできません）。

また、手番なのに動かせる駒がない場合は、（その人の）負けです。

ボードには、チェス盤を用います。ゲーム開始時の駒の配置は下図のとおりです。

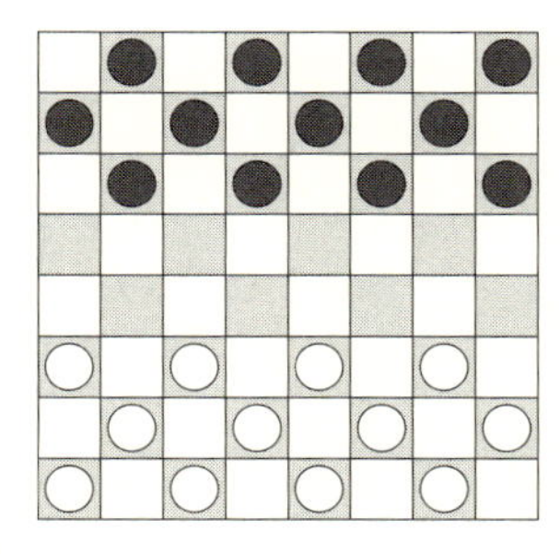

図4.1

先手は黒（あるいは赤）とよばれます。後手は白です。（ただし、市販されているセットの駒の色は非常にまちまちです。）

上図のように、暗い色のマスに双方の駒が置かれますが、書籍の図では、見やすさのために、マスの暗い色と明るい色を逆転させて印刷されることがよくあります。

ゲームを行なう２人は、交互に手番となり、自分の手番のときに、自分の任意の駒１個を動かします。

［前進］　駒は斜め前に１マス前進できます（下図の矢印２つのうちのいずれか）。後進はできません。また、相手の駒やあなたの駒があるマスへは進めません。

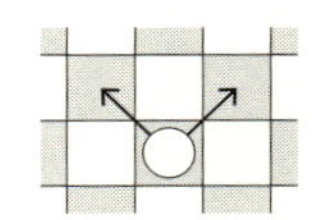

図4.2

［ジャンプ］　斜め前に相手の駒がある場合はそれを跳び越した先のマス（つまり、斜めに２マス先）にジャンプすることができます（そのマスが空いているならば）。このとき、跳び越された駒は、ボードから取り除かれます。このようにして双方の駒は取られていく――ボード上から減っていく――のです。

なお、ジャンプが可能なときは、必ずジャンプしなければなりません（強制手です）。

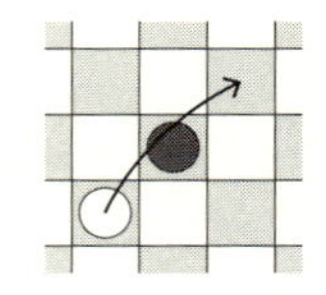

図4.3

［連続ジャンプ］　ジャンプしたあと、続けてジャンプが可能なら、ジャンプが（何連続でも）可能ですし、それは義務でもあります（連続ジャンプの途中で止まってはなりません）。連続ジャンプはそれで1手です。

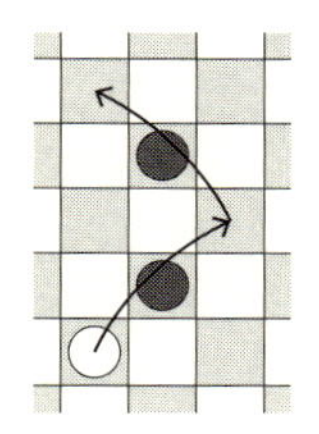

図4.4

ジャンプのルートが2通り以上ある場合は、どのルートのジャンプでもかまいません。

［キングへの昇格］　進行方向のもっとも先までたどり着いた駒はキングとなります（キングになったことを示すためには、駒を2つ重ねます。なお、本書の図では、キングは駒に☆をつけて、それがキングであることを示すことにします）。キングになった瞬間に、手番は終わります。キングは前進のみならず後方へも斜めに進めます。また、ジャンプも前方斜めだけでなく後方斜めへも可能です。

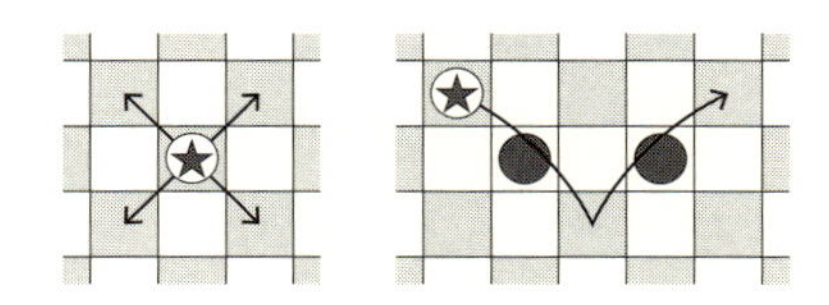

図4.5

ゲームの仕方の説明は以上です。単純でしょう？

では、チェッカーがどんなゲームなのかを（知識として知るだけではなく）経験的に理解するために、問題を４つだけ出しましょう。もちろん、本書を理解するためには、強いチェッカープレイアーである必要はありませんが、それでも、以下のような基本的なことはわかっていたほうがいいでしょう。

どの問題でも、**あなた（白）の手番です**。あなたはシンプルに勝てます。どのようにしたら勝てるでしょう？

問題１

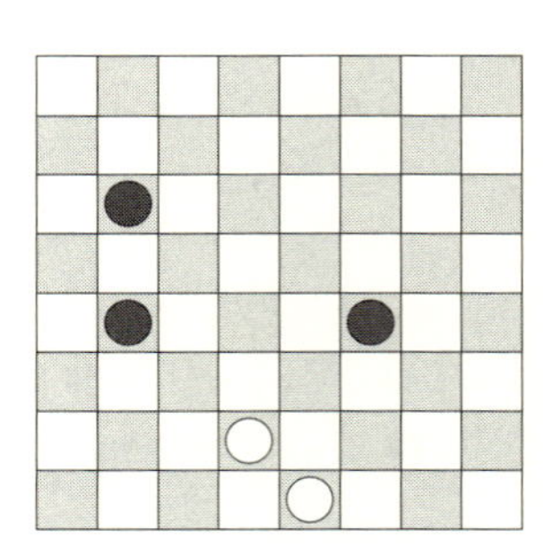

図4.6

問題２

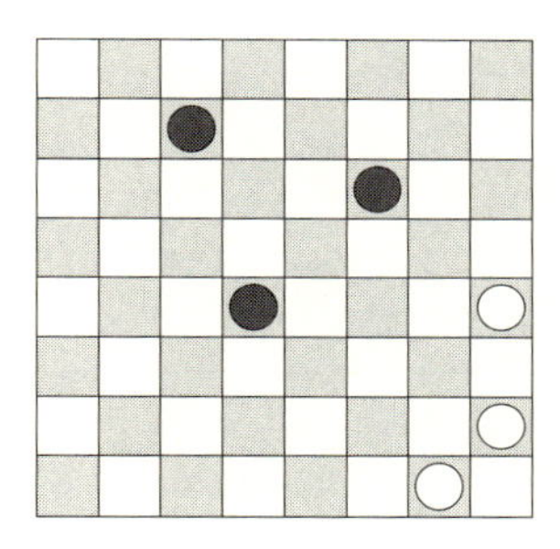

図4.7

問題３

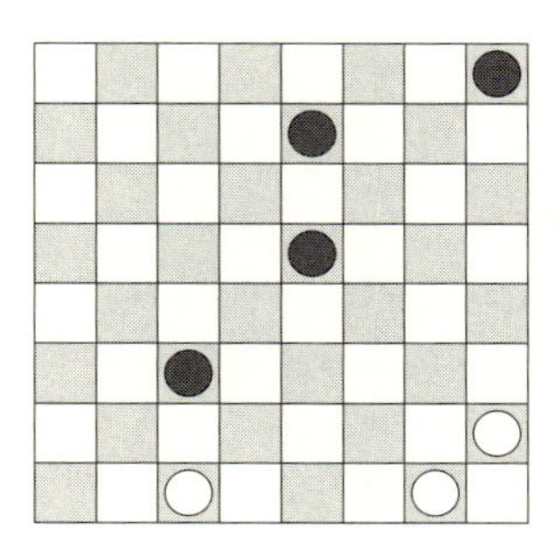

図4.8

問題4

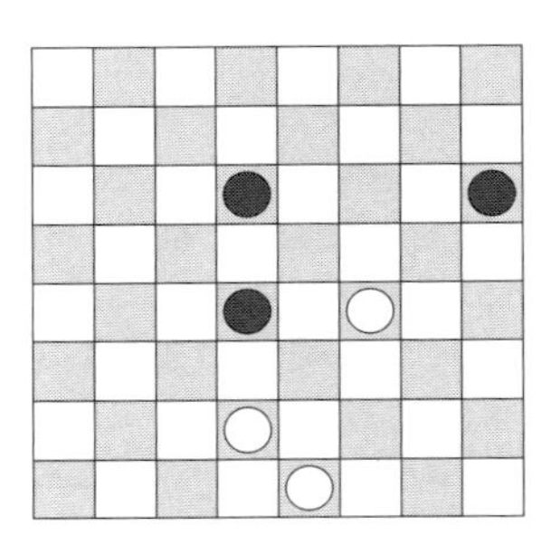

図4.9

答え

ボードのマスには棋譜表記用に、下図のように番号が割り当てられています。駒がどこからどこに動いたかをハイフンでつなげて表記します。相手の駒を取っている場合はハイフンではなくxを使います（ただし、ハイフンでもOK）。

	1		2		3		4
5		6		7		8	
	9		10		11		12
13		14		15		16	
	17		18		19		20
21		22		23		24	
	25		26		27		28
29		30		31		32	

図4.10

Q1の答え：1. 26-23 19x26 2. 31x6

Q2の答え：1. 20-16 11x20 2. 28-24 20x27 3. 32x14

Q3の答え：1. 30-26 22x31 2. 32-27 31x24 3. 28x3

Q4の答え：1. 19-16 12x19 2. 26-23 18x27（or 19x26）3. 31x6

4.2 チェッカー・プログラムの黎明期

チェッカー・プログラムの歴史は長い年月をかけてゆっくり進みます——というよりも、チェスのそれと比べてかなりあっさりとしています。

まず、1952年に英国のコンピューター科学者ストラキー（Christopher Strachey, 1916–1975）がチェッカーで初のコンピュータープログラムを書きました。これは、まずまずの計算速度（reasonable speed）で、終局までゲームをすることができた、と伝えられていますから、手番ごとに計算時間が10分以上かかったのかもしれません。強さについては記録がないようなので、単に終局までゲームができた、というだけのプログラムだったのでしょう。あるいは、数局テストしただけだったのかもしれません。

それからほどなく1956年に、サミュエルがチェッカー・プログラムを書きました。これには名前がついていないので、便宜上、以下ではSAMUELとよぶことにします。

SAMUELは素朴な「力づく探索」のプログラムで、探索木の層の深さ（つまり、読みの深さ）は基本的にはわずか（!!）6でした。ただし、層の末端の手がジャンプだったときや、その次の手がジャンプであるときは、ジャンプの応酬が終わるまで読むようになっていました。

計算時間は通常、1手につきほぼ30秒でした。

探索木の末端ノードの局面評価の値を算出する評価関数は、132ページにあるような線形式でした。この各係数を決めるにあたって、サミュエルは回帰分析や判別分析などを使わず（たぶん知らなかったのでしょう）、試行錯誤で係数を変化させる方法を使いました（この方法については、次項で説明します）。

SAMUELは1962年にニーリー（Robert Nealey）(注) との公開対局に勝って、非常に有名になり、マスコミでは「チェッカーが解かれた」（完全解析された、の意）と広く誤解されたようです。

注 さまざまな文献では、ニーリーはコネティカット州の元チャンピオンと誤記されています。ニーリーがコネティカット州のチャンピオンになったのはSAMUELとの対戦の4年後の1966年でした。

黒：SAMUEL

白：ニーリー

1. 11-15 23-19 **2**. 8-11 22-17 **3**. 4-8 17-13 **4**. 15-18 24-20 **5**. 9-14 26-23 **6**. 10-15 19x10 **7**. 6x15 28-24 **8**. 15-19 24x15 **9**. 5-9 13x6 **10**. 1x26 31x15 **11**. 11x18 30-26 **12**. 8-11 25-22 **13**. 18x25 29x22 **14**. 11-15 27-23 **15**. 15-19 23x16 **16**. 12x19

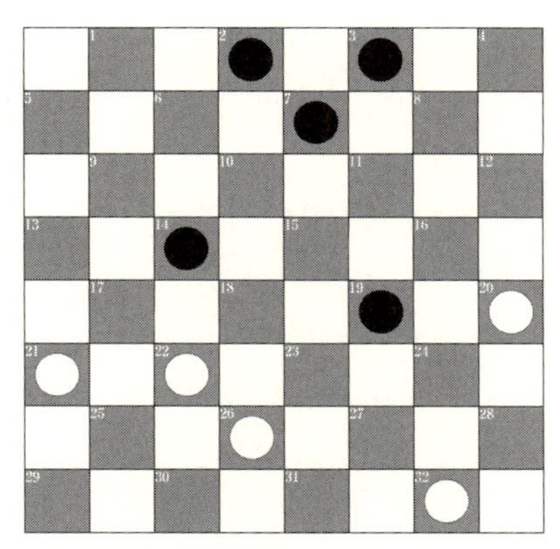

図4.11 （16. 12x19のあとの局面）

16... 32-27

悪手。これで白の負け。CHINOOKによれば、引き分けにするには20-16しかないとのことです。

17. 19-24 27-23 **18**. 24-27 22-18 **19**. 27-31 18x9 **20**. 31x22 9-5 **21**. 22-

26 23-19 **22**. 26-22 19-16 **23**. 22-18 21-17 **24**. 18-23 17-13 **25**. 2-6

悪手。これで白は引き分けにできます［CHINOOK］。

25... 16-11

悪手。16-12としていたら引き分け［CHINOOK］。

26. 7x16 20x11 **27**. 23-19

ここで白は投了（下は終了図）。

図4.12

ところで、白が投了せずに仮に**27**... 5-1と続けたら……あなたが先手ならどうしますか？
（答えは項末に）

1966年に、世界選手権を争うことになっているヘルマン（Walter Hellman, 1916-1975）とオウルドベリー（Derek Oldbury, 1924-1994）の２人と、SAMUELはそれぞれ４ゲームずつ対局し、８ゲームすべて負けました。

SAMUELは、ジェンセン（Eric Jensen）、トラスカット（Tom Truscott）らによって1970年代に書かれたチェッカープログラムPAASLOWとも２ゲーム対局し、２局とも負けました。

PAASLOWは1977年にグランドマスター（GM）のロウダー（Elbert Lowder, 1932-2006）と５ゲームマッチをして、結果は１勝２敗２引き分けでした。PAASLOWが勝ったゲームでは、ロウダーが勝勢だったけれど、不注意な手をして負けた、と伝えられています。

ジェンセンらはPAASLOWの実力について世界で10位くらいだろうと想像していましたが、チェッカー史上最強との誉れ高い世界チャンピオンティンスリー（注）は棋譜を見て「PAASLOWの実力は、米国で200位くらいだろう」と述べています。ティンスリーは、賞金をかけてPAASLOWとマッチをしたい意向を表明していましたが、そのマッチは結局実現しませんでした。

そして、この10年以上あとまで、チェッカー・プログラムの歴史にはとくに目立った動きはありませんでした。

注　1927-1995。1955年の世界選手権のマッチでヘルマンに３勝35引き分けで勝って世界チャンピオンになりましたが、1958年に挑戦者オウルドベリーとの世界選手権マッチに９勝１敗24引き分けで勝ったあとで引退。1975年にチェッカー界に戻って再び世界チャンピオンになり、亡くなるまで無敵でした。彼が公式戦において生涯で負けたのは7ゲームだけでした。

【答え】**27**... 5-1には**28**. 19-16 1-10 **29**. 16-14ですね。

4.3 サミュエルの方法

サミュエルのプログラムの評価関数は、30ほどの変数を使った線形式です。つまり、

$$y = a_0 + a_1 x_1 + \cdots + a_n x_n$$

の形です。

この変数群のなかには強いプレイアーだったならけっしていれなかったはずのナンセンスな変数も故意にいれてありました。

そのようなことをした理由は、「作者が強いから強いプログラムが出来上がった」と思われるのを避けたかったからです。「プログラムがあたかも自力で強くなった」かのような形になるのを望んだからなのです。

もっとも、サミュエルは強いプレイアーではなかったので、6手（層）の読みでは強いチェッカー・プログラムにはなりえない（初心者には軽々と勝てますが）ということはわからなかったようです。

評価関数に使われる変数のうちで、基本的なもの（加点・減点の仕方）を紹介しておきましょう――初心者がゲームをする際に役立つような形で。コンピューターが白として説明します。

＝＝＝＝＝＝＝＝＝＝＝＝＝＝＝＝＝＝＝＝＝＝＝＝＝＝＝

①キングの価値は、キングになっていない駒の1.5倍
《もっとも、駒を１つ犠牲にしてキングを１つ作って勝勢になることは多いですね。個々のゲームで駒配置は異なりますから、キングの価値も異なります。キングを使ってすぐに損を取り返せる場合もありますし、損をけっして取り返せない場合もありますから。》
「1.5倍」というのがごく平均的な評価の仕方なので、初心者がゲームをする際は、そのように考えるといいでしょう。

ただし、「評価関数をこれから作成しよう」という場合は「1.5」は無視してかまいません。なぜなら、評価関数中のこの部分をa×「白キング数」としてデータを解析しても、a'×「1.5×白キング数」でデータ解析しても、前者のaと後者のa'×1.5の値は同じになりますから（このことは回帰分析をしたことのある人には自明なことですが、したことのない人には理解不能かもしれませんね）。

要するに、評価関数での①の部分は、

$y=\cdots+a_1$×「白兵の数」$+a_2$×「黒兵の数」$+a_3$×「白キングの数」$+a_4$×「黒キングの数」$+\cdots$

です。いうまでもなく、a_1とa_3は正の値、a_2とa_4は負の値です。

②孤立した駒ごとに減点

孤立した駒とは、周囲の４マス（下図で・の描いてあるマス）が空の駒です。

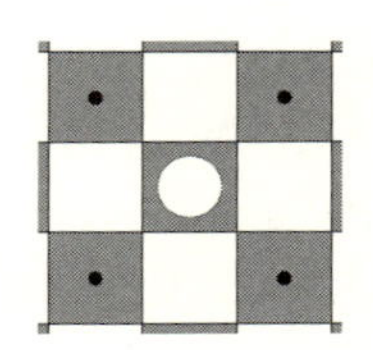

図4.13

孤立した駒は連続ジャンプの餌食になってしまいやすいからです（124ページからの４つの問題をもう一度見て、黒の駒がたくさん孤立していることを確認してください）。

もちろん、相手の駒が孤立しているなら、その駒ごとに加点です。

ちなみに、評価関数中でこの部分は、

$y = \cdots + a_5 \times$「白の孤立した駒の数」$+ a_6 \times$「黒の孤立した駒の数」$+ \cdots$

です。

③センターを支配していることに加点

センターとは、下図で四角枠で囲んである場所のことです。

図4.14

ここに自分の駒があれば、その１つごとに加点、相手の駒があるならその１つごとに減点。
《ただし、初心者は注意。後のことを読まずにセンターに駒を無造作に進めるのは危険です。進めても安全であることを必ず確認しましょう。》
ちなみに、評価関数中でこの部分は、

$y=\cdots+a_7\times$「センターにいる白の駒数」$+a_8\times$「センターにいる黒の駒数」$+\cdots$

です。

④最後列を守っていることに加点

下図の位置に駒があると、黒は駒を単体で進めてキングを作ることができません。これはディフェンスの良い形で、ブリッジとよびます。この位置に駒があるなら加点です。もちろん、黒がブリッジをつくっているなら減点。

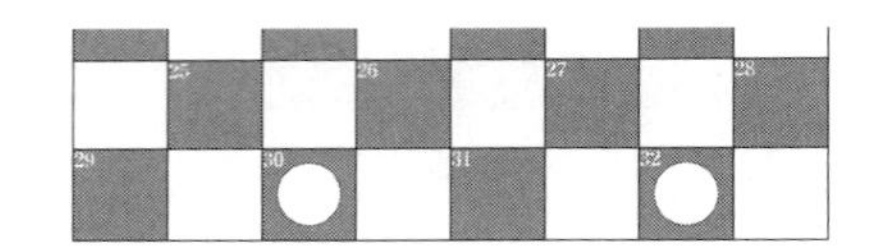

図4.15

ちなみに、評価関数中でこの部分は、

$y=\cdots+a_9\times$「白のブリッジの有無（1 or 0）」$+a_{10}\times$「黒のブリッジの有無（1 or 0）」$+\cdots$

です。
＝＝＝＝＝＝＝＝＝＝＝＝＝＝＝＝＝＝＝＝＝＝＝＝＝＝＝＝＝＝＝

各係数（132ページの式のaの部分）の値を決めるためにサミュエルは、チェッカーの名手たちの棋譜を集めてそれを利用しました。その方法は、以下のとおりです。

まず、局面ごとに各変数の正解率のようなものを求めます（これをサミュエルは相関係数［correlation coefficient］とよんでいますが、これはもちろん現代において相関係数とよばれている値［56ページ参照］とはまったく異なります。サミュエルの相関係数を以下、ccと表記します)。

《ccの計算方法》

ある局面で、手の候補は何通りかあるわけですが、そのうちで、名手の選んだ手を正解とよぶことにしましょう。「正解よりも悪い手」と〝正しく〟評価された手の種類数をL、「正解よりも良い手」と〝間違って〟評価された手の種類数をHとして、下式の値をccとしたのです。

$$cc=\frac{L-H}{L+H}$$

つまり、正解がもっとも良い手として評価されたなら（$H=0$で）$cc=1$、正解がもっとも悪い手として評価されたなら（$L=0$で）$cc=-1$です。したがって、ccの値の範囲は、$-1 \leqq cc \leqq 1$です。

こうして変数ごとにccの値を求めます。そして、ccの値が低い変数は、評価関数の係数の値を低く、ccの値が高い変数は、評価関数の係数の値を高くしたのでした（ただし、サミュエルは、それらの値を「だいたいこの程度でいいかげんかな」というように感覚的に［数学的な根拠なしで］決めました)。

これがサミュエルの方法の概要です。

もちろん、以下のようにコンピューターに逐次近似法で計算させれば（つまり、学習させれば）正解がなんであるかを予測する限りなく正確な予測式が得られますが、サミュエルはその方法に思い至りませんでした。

その方法とはこうです。各係数を任意の値とすると、全対局で（名手が手番のときの手を終局まですべて——あるいは中盤限定で——データとして用いて）そのときのccの値が計算できます。このccの値が最大になるように、各係数a_iの値を逐次近似で求めればいいのです。そうすれば、名手の「手」をほとんどすっかり模倣する評価関数が作れます。

話はちょっと脱線しますが、このccという発想は面白いですね。これを使えば特定の個人の形勢判断そっくりな評価関数を作れます（いえ、もちろんこれ以外の方法でも作れますが）。たとえば、チェスで、タル（M. Tal）［アタックのために捨てた駒の数が、たぶん他の世界チャンピオンの誰よりも多い］をほうふつとさせる「タル再来プログラム」が作れます。また、駒配置の静的評価が抜群に正確だったカルポフ（A. Karpov）にそっくりの駒配置を行なうプログラムも作れますね。様々なチェス世界チャンピオンのコピー・プログラムが出来上がったなら、さぞかし楽しいことでしょう。

サミュエルはプログラム同士を対戦させもしました。一方のプログラムは評価関数を変えず、他方のプログラムは評価関数の各係数の値を１手ごとに変化させました。各係数はもちろん、プログラムが自己の判断で変えるのではなく、サミュエルがあらかじめ定めておいた試行錯誤ルール（これもサミュエルが「値をこのくらい変化させるのが適当かな」と感覚的に決めたもの）で、値を高くしたり低くしたりしました（「手」の決定に対する関与が高い変数の係数の値を少し大きく、関与が低い変数の係数の値を少し小さくする方法で、ある程度低くなった係数の値は思い切ってゼロにしてしまう、などの試行錯誤が行なわれました)。

この対局は28ゲーム行なわれました。「各変数の値の変化は不安定だった」とサミュエルは述べていますが、そのような方法では、28ゲームで各変数の値が収束しなくても、なにも不思議ではありませんね。

またサミュエルは「興味深いことに、28ゲーム後、プログラムは、キング『2対1』の終盤（102ページの問題）の勝ち方を学んでいなかった」とも述べていますが、終盤の完全解析用ではないプログラムが単純な終盤の勝ち方を学ばなかったとしても、これもやはり、なんら不思議ではありませんね。——それに、この方法では、あるとき、キング「2対1」の終盤を偶然正しく行なえたとしても、その後に評価関数の各係数が少しでも変化したら、次回はその終盤を正しく行なえる保証はありません。

4.4 CHINOOK、世界チャンピオンとなる

さて、PAASLOWの後の10年以上の長い氷河期の後、シェファー（Jonathan Schaeffer）らのCHINOOKプロジェクトは1989年に開始されました（この氷河期があったのは、サミュエルのプログラムでチェッカーがすでに解かれた、という誤解が世に広まっていたことが大きな理由だろう、とシェファーは述べていて、それに対してサミュエル

は遺憾の意を表明しています)。そして、その年のうちに第1回コンピューターオリンピアッドのチェッカー部門で優勝しました(100ページ参照)。

第1回 コンピューター・オリンピアッド(ロンドン 1989)

	1	2	3	4	5	6	
1 Chinook		1	=	1	1	1	4.5
2 Checkers!	0		=	1	1	1	3.5
3 Tournament Checkers	=	=		=	=	1	3.0
4 Tomi	0	0	=		1	1	2.5
5 Sage Draughts	0	0	=	0		1	1.5
6 Checker Hustler	0	0	0	0	0		0.0

表4.1 (1は勝ち、0は負け、=は引きわけで0.5ポイント)

1990年にCHINOOKはなんと、全米選手権でティンスリーについで2位となり、世界チャンピオンの座をかけてティンスリーに挑戦する権利を獲得しました。が、米国チェッカー連盟(ACF)とイギリスドラーフツ協会(EDA)は、コンピューターが世界タイトルのマッチを行なうのは望ましくないと表明し、ティンスリーとCHINOOKとの世界選手権を承認することを拒みました。ティンスリーはCHINOOKとのマッチを望んだのでしたが、ACFとEDAはまったく譲歩しませんでした。それでティンスリーは世界タイトルを返上し、CHINOOKとのマッチの契約書にサインしました(ティンスリーはまったくカッコいいですね)。ACFとEDAは慌てて態度を改め、「人対マシーン」世界選手権（Man-Machine World Championship）を行なうことにしたのでした。

◎下は世界選手権直前のCHINOOKの短手数ゲーム（1992年8月）です。

ゲームをボード上で再現してみても、1手ごとの手の善悪は全然理解できませんね（理解するためには深い読みが必要なので)。でも、最終局面を理解することは……なんとか可能です。じっくり考えてみると、白の駒配置が悲惨で、投了したのは当然であることがわかってきます。そして、この局面を導いたCHINOOKの実力をはっきりと感じることができるでしょう。

最後の局面での出題を、じっくりと考えてみてください。

白のロウダー（131ページに既出）は1979年にティンスリーと世界タイトルを争った人です。このマッチの結果は、ティンスリーの15勝10引き分けでした。

黒：CHINOOK

白：ロウダー

1. 9-14 23-19 **2**. 11-16 26-23 **3**. 5-9 22-18 **4**. 8-11 25-22 **5**. 16-20 31-26 **6**. 11-16 29-25 **7**. 4-8 18-15 **8**. 1-5 22-18 **9**. 7-11 26-22 **10**. 3-7 30-26 **11**. 9-13 18-9 **12**. 11-18 22-15 **13**. 5-14

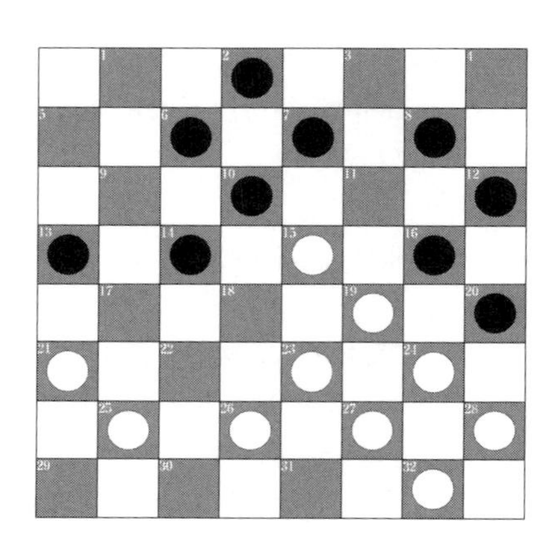

図4.16

ここで白は投了しましたが、もしも投了せずに**13**...26-22としていたら、黒はどう続けたらいいでしょう？
（答えは項末に）

こうして1992年にマッチが行なわれました。結果はティンスリーの４勝２敗33引き分けでした。この２敗が、ティンスリーの生涯における公式戦の６回目と７回目の負けでした。

ティンスリーはCHINOOKとの再戦を熱望し、1994年に再びマッチが行なわれることになりました。

1994年のマッチの前に、CHINOOKはオウルドベリーとテストマッチを行ない、CHINOOKの３勝９引き分けでした（この棋譜は、ティンスリーとのマッチ終了まで未公開）。

ティンスリーとCHINOOKの２度目のマッチでは、６ゲームが引き分けに終わった時点で、健康上の理由でティンスリーはリタイア。CHINOOKが世界チャンピオンになりました。その翌週、ティンスリーはガンと診断され、７ヵ月後に68歳で亡くなりました。

1995年、ラファーティーとの「人対マシーン」世界選手権では、CHINOOKは１勝31引き分けでタイトルを防衛。

1996年に全米選手権でCHINOOKは圧勝。ここでシェファーはCHINOOKの引退を決定し、その後、CHINOOKプロジェクトはチェッカーの完全解析を始めました。

CHINOOKの読みの深さはなんと、19手（層）でした。

評価関数は20強の変数の線形式で、初期には回帰分析で各変数の値が決められましたが、その後は人の手で、経験的に値を調整する方法を取りました。この作業には非常に手間がかかったようです。

序盤と終盤のデータベースを持っていて、それをゲーム中に参照していました。

1992年の世界選手権では、駒が７個以下の終盤のすべての局面（と駒が８個の終盤の一部の局面）のデータベースを持っていました（約400億局面）。

1994年のマッチ後の1996年に駒が８個の終盤のすべての局面のデータベースが完成（約4060億局面）。

CHINOOKは、囲碁式に数えてだいたい20手に満たないところで、「双方がベストを尽くした場合の結果」がわかりました。結果はふつうは引き分けです。それで、結果がわかる状態になったのちは、相手が間違える確率がもっとも高い手を選ぶようにプログラムされていました。

【答え】

白が**13**...26-22と続けていたら、**14**. 14-18 23-14 **15**.16-23 27-18 **16**.20-27 32-23 **17**.10-17-26といったところでしょうか。

4.5 「人対マシーン」世界選手権のゲーム

もはやいわずもがなですが、世界最高峰の２者の対戦です。文化遺産として非常に貴重なゲームです。

初心者が以下の棋譜を見ても、各着手の意味が全然わからないでしょうが、最終図についての問題は、なんとかわかるかもしれません——いえ、最終図でもかなり難しいですが。

黒：CHINOOK

白：ティンスリー

Game 8（August 19, 1992）

1. 11-15 23-18 **2**. 10-14 18-11 **3**. 8-15 22-17 **4**. 14-18 24-19 **5**. 15-24 28-19 **6**. 7-11 17-14 **7**. 11-16 19-15 **8**. 4-08 21-17 **9**. 16-19 17-13 **10**. 12-16 25-21 **11**. 18-22 26-17 **12**. 9-18 29-25 **13**. 16-20 17-14 **14**. 2-7 21-17 **15**. 19-24 30-26 **16**. 7-10 14-7 **17**. 3-19 27-23 **18**. 18-27 32-16 **19**. 24-27 31-24 **20**. 20-27 26-22 **21**. 8-12 16-11 **22**. 27-31 11-7 **23**. 31-26 25-21 **24**. 26-30 22-18 **25**. 30-26 18-14 **26**. 26-22

ここで白は投了しました。

図4.17

ところで、ここでもしも白が投了せずに7-2と続けていたら、ゲームはどのように続いたでしょう？
（答えは項末に）

黒：ティンスリー

白：CHINOOK

Game 14（August 21, 1992）

1. 12-16 21-17 **2**. 9-14 17-13 **3**. 16-19 24-15 **4**. 10-19 23-16 **5**. 11-20 26-23 **6**. 8-11 22-18 **7**. 7-10 18-9 **8**. 5-14 25-22 **9**. 4-8 22-18 **10**. 14-17 31-26 **11**. 10-15 18-14 **12**. 8-12 28-24 **13**. 12-16 29-25 **14**. 17-21 14-9 **15**. 3-8 9-5 **16**. 6-10 13-9 **17**. 1-6 5-1 **18**. 6-13 1-5 **19**. 2-7 5-1 **20**. 8-12 32-28 **21**. 10-14 1-6 **22**. 15-18 6-10 **23**. 11-15 10-3 **24**. 16-19 23-16 **25**.

12-19 3-7 **26**. 14-17 26-22 **27**. 17-26 30-16 **28**. 21-30 7-10 **29**. 18-22 10-19 **30**. 22-26 16-11 **31**. 26-31 11-7 **32**. 30-25 19-23 **33**. 25-22 7-3 **34**. 22-17 23-18 0-1（黒、投了）

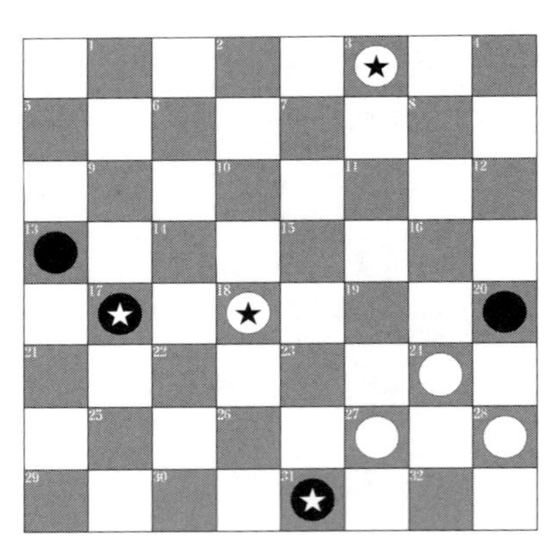

図4.18 終局図

これは、ティンスリーの生涯最後の負けゲームでした。

次はラファーティーとの「人対マシーン」世界選手権のゲームです。

黒：ラファーティー

白：CHINOOK

Game 31（January 17, 1995）

1. 10-14 22-18 **2**. 7-10 25-22 **3**. 11-16 24-19 **4**. 3-7 27-24 **5**. 16-20 31-27 **6**. 8-11 19-16 **7**. 12-19 24-8 **8**. 4-11 28-24 **9**. 9-13 18-9 **10**. 5-14 22-18 **11**. 14-17 21-14 **12**. 10-17 24-19 **13**. 6-10 19-15 **14**. 10-19 23-16 **15**.

17-22 26-17 **16**. 13-22 18-14 **17**. 2-6 16-12 **18**. 11-16 12-8 **19**. 16-19 8-3 **20**. 7-11 30-26 **21**. 22-31 3-7 **22**. 31-24 7-23 **23**. 1-5 29-25 **24**. 24-27 23-18 **25**. 27-31 25-21 **26**. 20-24 18-22 **27**. 24-28 22-18 **28**. 31-26 21-17 **29**. 26-30 18-15 **30**. 30-25 17-13 **31**. 25-22 14-10 **32**. 22-18 15-22 **33**. 6-15 22-17 **34**. 15-18 17-14 **35**. 18-23 0-1

6. 8-11はCHINOOKによれば悪手。CHINOOKは**6**. 9-13を予想していたそうです。

18...12-8のとき、CHINOOKは最後まで読み切ったと表示したそうです。

23...29-25以降は、白は勝つための唯一の手を常に選んでいます（ただし、**25**...25-21のところだけは例外で、**25**...18-22でも勝ちだそうです）。

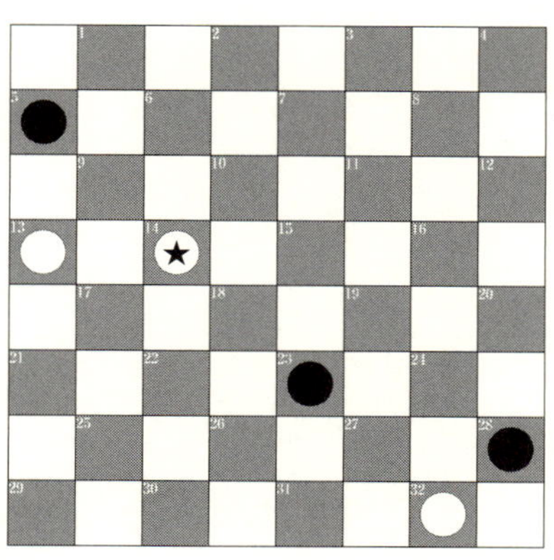

図4.19　終局図

35. 18-23としてから（上図）黒は投了しましたが、もしも投了しなかったのなら、今、白の手番ですが、どう続けたらいいでしょう？　初心者にはとても難しい問題ですが、簡明に勝てる道があります。
（答えは項末に）

【ティンスリーのところの答え】26... 7-2と続けていたら、27. 6-9 13-6 28. 22-13 14-10 29. 13-9 21-17 30. 9-13といったところでしょうか。

【ラファーティーのところの答え】35...13-9 36.23-26 14-10 37.5-14 10-17 38.26-30（or 38.26-31）38...17-22ですね。

第5章

チェスで人類を超える

この章ではチェスを取り上げます。チェスの対戦型AIといえば、IBMが開発したDEEP BLUEが有名です。チェスの対戦型人工知能の「思考」の基本を見ながら、DEEP BLUEをはじめとした進化に触れていきましょう。

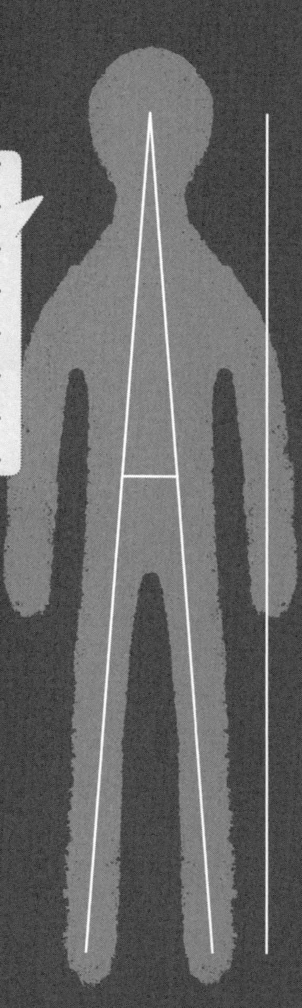

チェスの場合、コンピューターの計算速度がどんどん速くなっていって、さらに、プログラム上の工夫が加わって、プログラムの実力はどんどん向上していきました。

本章では、プログラムの工夫と上達の歴史を同時に時系列で見ていきましょう。

——さて、その前に、ゲームの仕方を説明します。これがわかっていないと、歴史的記念碑である様々なゲームを鑑賞できませんし、工夫の意義がよくわからないかもしれません。わかっていれば、どんどん成長していく我が子を見守るような視点で本章を読み進めることができるでしょう。

S.1 チェスのゲームの仕方

以下、ルールの説明をします（ただし、歴史的記念碑であるゲームを楽しく鑑賞するために必要な、最小限の説明にとどめます）。

ゲーム開始時の配置

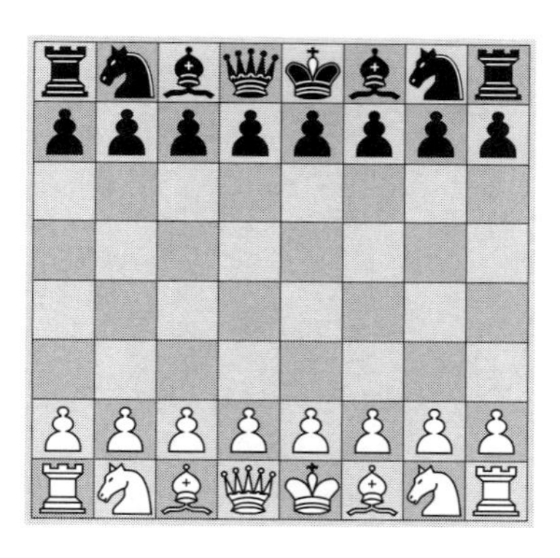

図5.1

白が先手です。

ゲームの目的：相手のキングをチェックメイト（単に「メイト」ともいう）にすること。

チェックメイトとは、チェック（将棋の王手と同じ）をかけていて、それに対し相手がどんな応手をしても、次の１手で相手のキングを取ることができる局面状態のことです（下図は、黒キングがチェックメイトになっている局面の例)。

図5.2

取られた駒はボードから（また、ゲームからも）消えます。

どの駒も、味方の駒がいるマスに行くことはできません。

キング（King）

下図の×の地点に行くことができます。そこに相手の駒がいるなら、それを取ることができます。キングは、相手の駒の力が及んでいるマス（そこに行くとキングが取られてしまうマス）に行くことはできません。

図5.3

クイーン（Queen）

縦・横・斜めに１手で何マスでも進めます。そこに相手の駒がいるなら、それを取ることができます。駒を跳び越してその先に行くことはできません。

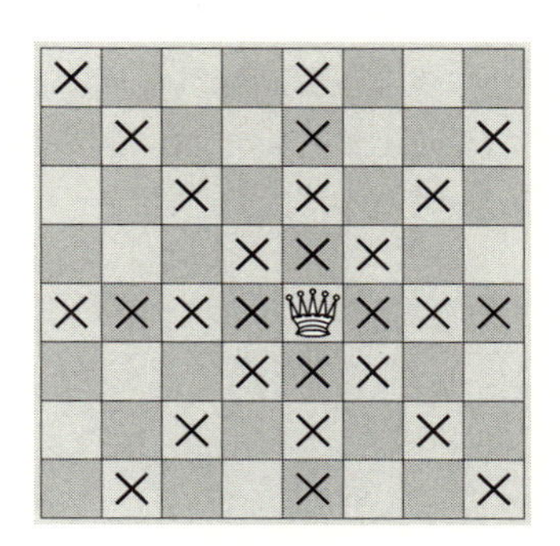

図5.4

ルック（Rook）［Rookのooは、bookやlookと同じ短母音です］

縦・横に１手で何マスでも進めます。そこに相手の駒がいるなら、それを取ることができます。駒を跳び越してその先に行くことはできません。

図5.5

ビショップ（Bishop）

斜めに1手で何マスでも進めます。そこに相手の駒がいるなら、それを取ることができます。駒を跳び越してその先に行くことはできません。

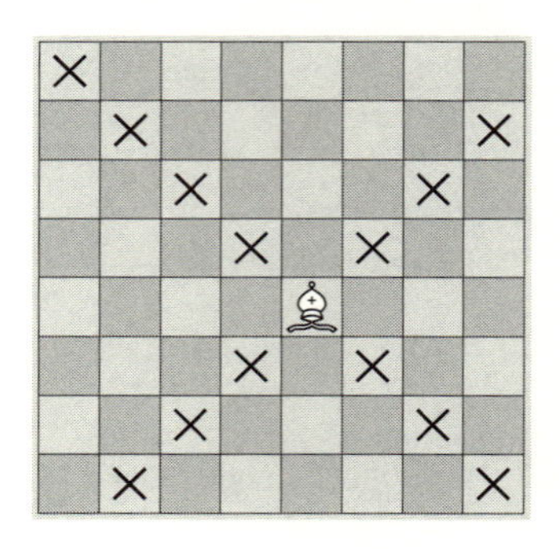

図5.6

ナイト（Knight）

下図の×の地点に行くことができます。そこに相手の駒がいるなら、それを取ることができます。

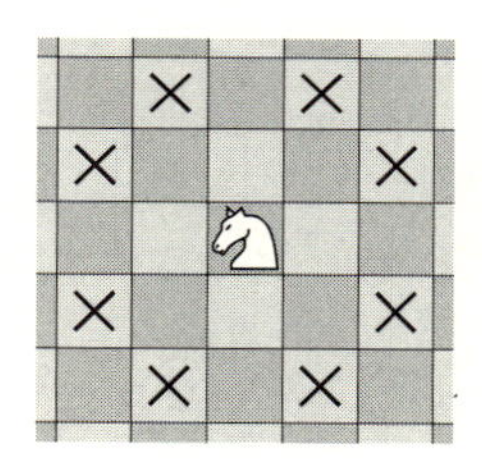

図5.7

ポーン（Pawn）

１手で１マス前に進めます（ここでいう「前」とは、相手陣地に向かう方向の意です）。

ゲーム開始時の配置にいるポーン（まだ一度も動いていないポーン）は、１手で２マス前進できます（もちろん、１マス前進するだけでもかまいません）。ただし、味方や相手の駒を跳び越えて２マス前に行くことはできません。

相手の駒を取る場合にかぎり、斜め前に１マス進んで、相手の駒を取ります（下図の例では、白の手番なら、白ポーンは矢印のように進んで黒ポーンを取ることができます）。

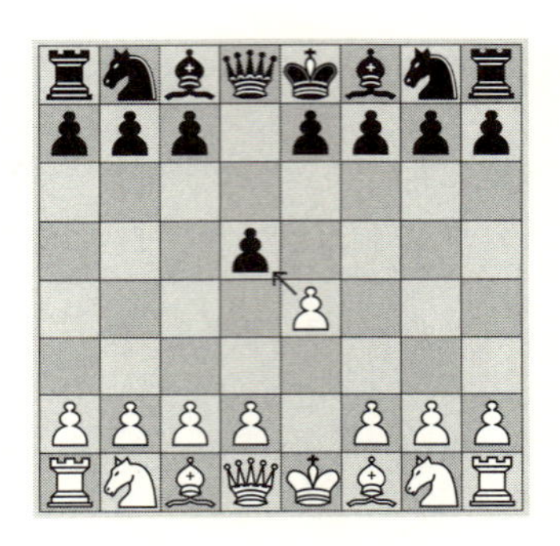

図5.8

直進して相手の駒を取ることはできません。

最も先のマスにたどり着いたポーンは、クイーンかルックかビショップかナイトに変わることができます（これをプロモーション［昇格］といいます）。変わらずにポーンのままでいることはできません。

アンパッサン

「元の地点から３マス進んだところにいるポーン」が相手のポーンを取る特殊な取り方で、相手のポーンが左下図の①のように２マス進んでポーンの横に来たとき、②と進んで「①と進んだばかりのポーン」を取ることができます。

これは①の手の直後のみで可能な捕獲方法です。１手以上間を置いてから②と取ることはできません。

なお、右下図はアンパッサンの後の図で黒の手番。

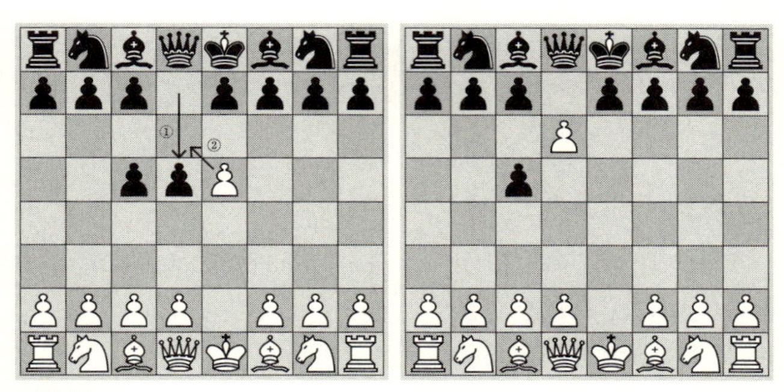

図5.9

キャスリング
（キングサイドのキャスリング）

図5.10

キングを①のように、ルックを②のように、この順に動かすのがキングサイドのキャスリングです。これで１手です。

（クイーンサイドのキャスリング）

図5.11

キングを①のように、ルックを②のように、この順に動かすのがクイーンサイドのキャスリングです。これで１手です。

例

ゲーム開始時の配置から、白だけを以下のように動かすと、下図の配置になります。

1. e3（e2のポーンをe3に）
2. Bd3（ビショップをd3に）
3. Ne2（ナイトをe2に）
4. O-O（キングサイドのキャスリング）

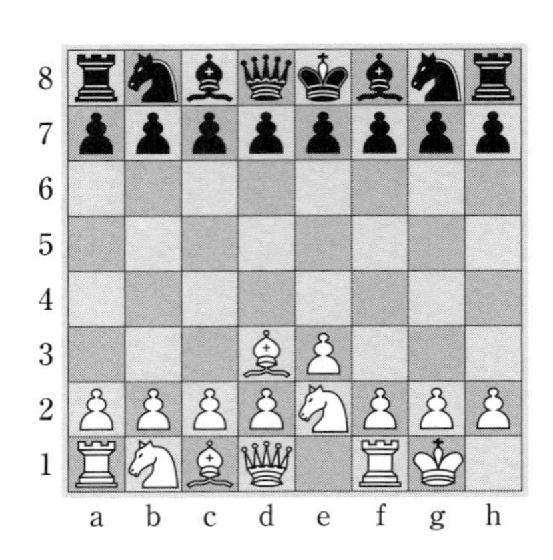

図5.12

キングがすでに１回動いたあとではキャスリングはできません。

すでに１回動いたルックを使ってキャスリングすること

はできません。

チェック（将棋の王手と同じ）がかかっているときはキャスリングすることはできません。

キャスリングでキングが通過するマスに相手の駒の力が及んでいるときは、キャスリングできません。

なお、チェスでは、手数は、「白の１手目、黒の１手目、白の２手目、黒の２手目、……」と数えます。

ここで問題を２つだけ解いてみましょう。そうしてチェスの駒の動きになじんでおけば、AIについての以下のさまざまな説明をより身近なものとして感じて、内容の理解はずっと容易になることでしょう。

問題 1

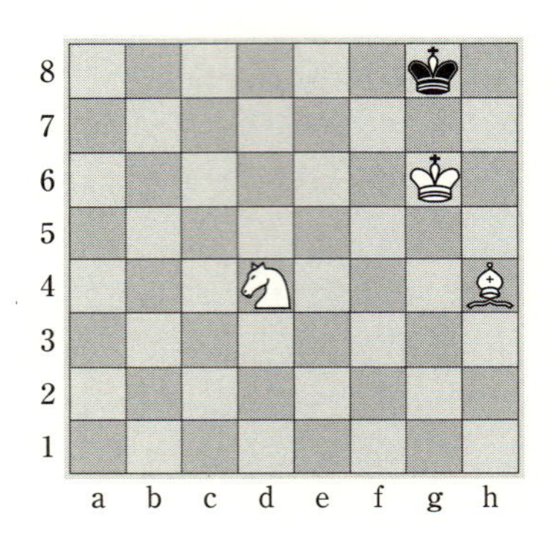

図5.13

白の手番です。白は4回目の手番のときに、黒キングをチェックメイトにすることができます（Mate in 4)。さて、その手順は？（答えは棋譜表記法の直後にあります。）

問題２

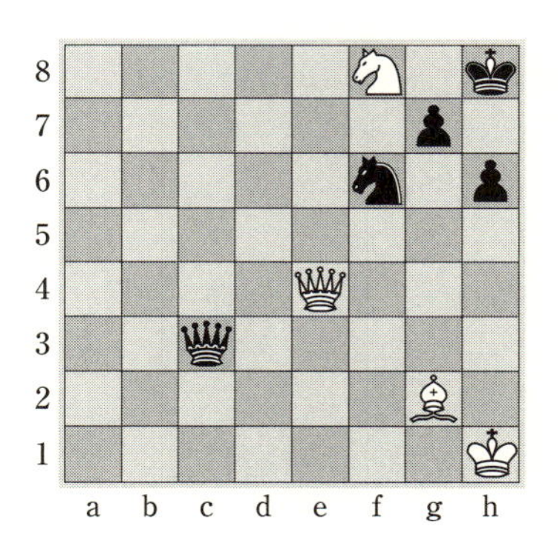

図5.14

ロリ（Lolli）の1763年の問題です。

白の手番です。白は３回目の手番のときに、黒キングをチェックメイトにできます（Mate in 3)。さて、その手順は？（答えは棋譜表記法の直後にあります。）

棋譜表記法

答えを並べる前に、「棋譜（Portable Game Notation—pgn）の書き方」を説明します。

棋譜の記録には、158ページにある各マスの名称を使います。

このうち、ａ～ｈをファイル名といいます。

何がどこに動いたかを記します。駒の名には以下の記号を使います。

キング	K
クイーン	Q
ルック	R
ビショップ	B
ナイト	N

相手の駒を取ったときはｘを使います。たとえば、ナイトがf3に行って駒を取ったときは、Nxf3です。ただし、ｘは省略可。

ポーンは駒の名の部分を省略し、どこに動いたかのみを記します。（例：d4）

ポーンが何かを捕獲した場合はどのファイルのポーンがどこに行ったかを記します。たとえばｄファイルのポーンがc6に進んで駒を取った場合は、dxc6あるいはdc6です。

ポーンが昇格したときは何に変わったかを追記します。（例：c8Q　［c8=Qでも可］）

ナイトやルックなど同色の駒２つのうちのどちらが動いたかを記さないとわからない場合は、Nec3などのように書きます――これはｅファイルにいたナイトがc3に行ったことを示します。

キングサイドのキャスリング：O-O

クイーンサイドのキャスリング：O-O-O

チェックメイト：#　［省略可］（例：Qh8#）

チェック：＋　［省略可］（例：Bb5＋）

白の勝ち：1-0

黒の勝ち：0-1

答え

問題１の答え　1.Be7 Kh8 2.Nf5 Kg8 3.Nh6+ Kh8 4.Bf6#
問題２の答え　1.Qh7+ Nxh7 2.Ng6+ Kg8 3.Bd5#

5.2 チェスの対戦プログラム

5.2.1　黎明期

チェスの対戦プログラムには長く興味深い歴史があります。とくに黎明期——これはどんなジャンルでもそうですが、面白いものですね。ではさっそく、太古にタイムスリップした気持ちでそれを見ていきましょう。

1950年。シャノン（Claude Shannon, 1916-2001）がフィロソフィカル・マガジーン誌（Philosophical Magazine）３月号に論文 *Programming a Computer for Playing Chess* を発表（同誌が論文を受領したのが1949年11月なので、この論文の年号は1949年と書かれていることが多い）。そして同年、もう１つの論文 *A Chess-Playing Machine* をサイエンティフィック・アメリカン誌に発表しました。

これらの論文が、チェスの対戦プログラムの出発点と書かれていることが多いのですが、シャノン自身はプログラムを書きませんでした。

チェスの対戦プログラムの歴史は、じつは、シャノン以前から始まっていました。２つの有名な文書マシーン（自分の手をどのように決めるかのアルゴリズムが紙に書かれているだけのもので、コンピューターのかわりに人がその計算をするものです。手計算です。いやはや、大変な作業ですね）が作られているのです。

１つは、トゥーリング（Alan Turing,1912-1954）らのTUROCHAMP（読みの深さは1層）。

もう１つは、ミッキー（29ページに既出）とワイリー（Shaun Wylie, 1913-2009）のMACHIAVELLI（読みの深さは1 ply）。

この２つの対戦は1948年（この年は、ボトヴィニク［Mikhail Botvinnik］がチェスの世界チャンピオンになった年でもあります）に行なわれて、途中で中止となりました。たぶん、双方の計算時間がかかりすぎたためか、書かれていたアルゴリズムでは終盤でまともなプレイができなかったからなのでしょう。

TUROCHAMPと人とのゲームの棋譜が１つ残っています。歴史的記録碑の１つ目であるこのゲームは、終局まで数週間かかったそうです。

このゲームの棋譜はネットに用意してあります（８ページ参照）。まえがきのところで書いたように、パソコンでゲームを再現してみましょう。そうして、この時点でのAIの実力（の低さ）を体感すれば、AIに関するあなたの理解は極端に深まるでしょう。

◇7.h4も8.a4も悪手。形勢判断が変です。
◆ところが黒もその後の着手はいろいろ間違いで、28...Qxb5の時点で黒が劣勢。ここまで、TUROCHAMPは大健闘でしたね。
◇白は29.Qxb5　Rxb5　30.Ke3とすればよかったのに、29.

Qxd6の大悪手でQがつかまってしまいました（図5.15）。

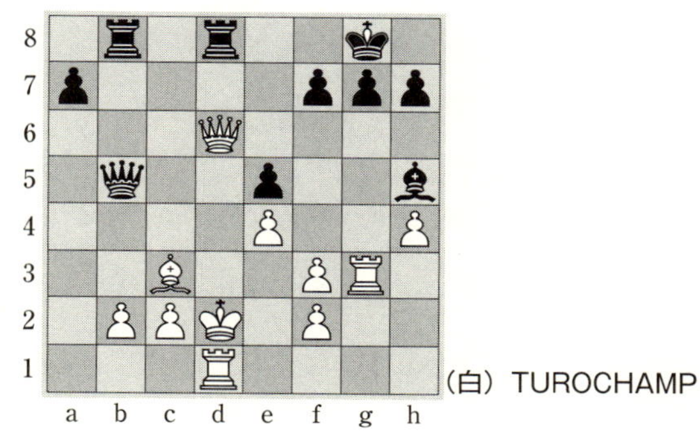

図5.15 終局図

なお、トゥーリングは後に、TUROCHAMPをコンピューターで実行できるようにしようとしたのですが、完成させることはできませんでした。

MACHIAVELLIのほうは、その後に書かれたジョン・メイナード・スミス(John Maynard Smith, 1920-2004)(注)のSOMAとの棋譜が残っています（ネットに用意してあります）。

SOMAも、読みの深さが1層だけの文書マシーンです。

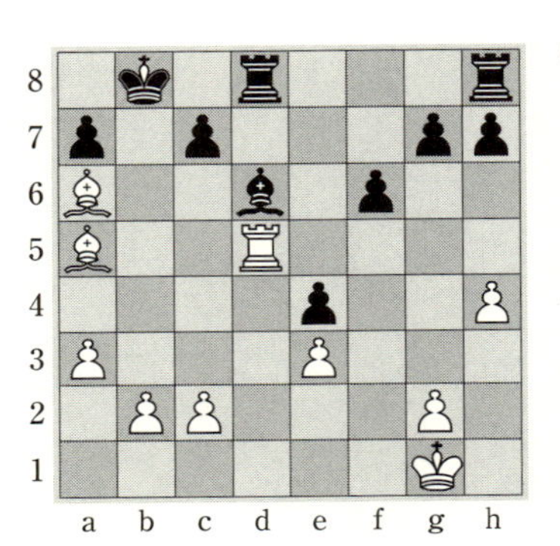

図5.16 23.Rxd5の後の局面
黒の次の一手は？

◇白の形勢判断は変で、11.O-Oの時点で白は劣勢。
◆黒は11...O-Oとすればいいのに11...O-O-Oで形勢不明。
◇18.Qf3は大悪手で、18.Qd3と黒キングのほうに向かうべきです。
◆23...Be5ではなく、23...Bh2+　24.Kxh2　Rxd5とすれば黒の楽勝でした。

注　ゲーム理論を学んだ人にはおなじみの名前ですね。「罰を受ける可能性があってもルール違反をしてずるく利益を得る人」は社会から根絶できず、その種の人々が多少いることで社会は均衡状態に達する、ということを計算で示した人です。

さて、1957年に、ついに待望のチェス対戦プログラム

（コンピューターで計算するもの）が作られました。アレックス・バーンスタイン（Alex Bernstein）作成のもので、読みの深さは4層でした。1手につき7種類の手の候補を考慮するものでしたので、つまり、局面評価は7^4（＝2401）通り行なっていたわけです。このプログラムは自分の手番で平均8分考え、まずまずのアマチュアのレベルだったそうです。実際、読みの深さが4層あれば、ごく普通の人には、たいていは勝てますね。

バーンスタインは1958年に論文*Computer v. Chess-Player*（Scientific American, 1958）［上の写真はその論文中のもの］で、そのプログラムがどのように考えているか（7^4の局面のことなど）、および、熟練した人［と論文には書いてあるけれど、じつはあまり強くない］に負けた惨憺（さんたん）たるゲームを紹介しました。

この棋譜はネットに用意してあります。

◇白（バーンスタインのプログラム）の10手目は、10.Nxe5とすれば勝勢だったでしょう（10...Qxe5には11.Re1）。
◇11手目でも11.Nxe5とできましたが、白はそれも逃しました。
◇白の13手目は13.Nc3のほうがはるかによい（13...exf3には14.Re1 Be7 15.Nd5で白が優勢なので）。
◇15.f3も悪手で、15...Bc5で黒が勝勢です。
AIの輝かしい記念碑ではありますが、その実力のほどは……。

なお、当時の人間界では、長らく世界チャンピオンだったボトヴィニクから世界タイトルをスミスロフ（V. Smyslov）が1957年にようやく奪ったのですが、翌1958年のリターンマッチでボトヴィニクが再び世界チャンピオンに返り咲きました。

また、1958年には、NSSが作られました。この名は、作者３人、ヌーエル（Allen Newell，1927-1992）、ショー（Cliff Shaw，1922-1991）、サイモン（Herbert Simon，1916-2001）のイニシャルによるものです。このプログラムは「NSSと対戦するために１時間前にチェスを覚えたばかりの人」と対戦して勝ったことが記録に残っているほどの弱いプログラムでした（強いプログラムなら、初心者に勝ったことなどは記録には残りませんね）。
とはいえ、これは、$\alpha - \beta$枝刈りが初めて使われた点で画期的な作品でした。考案したのはヌーエルとサイモンの２人です。この枝刈りは、すでに述べたように、探索時間を大いに短縮させるので、以降、チェス・プログラムの基本テクニックとなりました。

サイモンは1957年に「10年以内にコンピューターがチェスの世界チャンピオンになるだろう」と述べましたが、この予想は大外れでしたね。ちなみに、彼は1978年にノーベル経済学賞を受賞しました。

その後の人間界の動向を見ると、タル（Mikhail Tal）が1960年に23歳で世界チャンピオンになり、翌年のリターンマッチでボトヴィニクに負け、1963年にペトロシャン（T.Petrosian）（33歳）が世界タイトルをボトヴィニクから奪って、新チャンピオンになりました（なお、ペトロシャンは世界チャンピオンになったあと、「これから20年以内にコンピューターが世界チャンピオンになることはないだろう」と述べています）。

また、1965年にはバーリナーが通信チェス世界チャンピオンになりました。彼は決勝トーナメントの各ゲームでは、１手につき３時間ほど考えたそうです。

それから間もない1966年から1967年にかけて、ついに初のAI同士のマッチが行なわれました。

一方のプログラムは、1961年にコトク（Alan Kotok）が卒論として書いたものに、マカージー（John McCarthy）が改良を加えたものです。

読みの深さは変えることができましたが、マッチのときは４層としていました。
良さそうな手だけ考える「選択的探索」で、４層の場合、基本的には、最初の層では４種の手のみ、２番目の層では３種のみ、３番目と４番目の層では２種の手のみ考えるようになっていました。また、良さそうな手ではなくても追加として、相手の駒を取る手とチェックをかける手も考慮に入れていました。したがって、追加部分を除外すると、手番時には実質的には48の局面を評価して自分の手を決めていたわけです（実質的には、というのは$\alpha-\beta$枝刈りをしていたからです）。
もう一方のプログラムは、ITEP（Institute for Theoretical and Experimental Physicsの頭文字による名前）で、ボトヴィニクがコンサルタントをしていました。
ITEPは世界初の「力づく探索」のプログラムです（もちろん、$\alpha-\beta$枝刈りをしていました）。それまでは、コンピューターの計算速度が遅かったので、やむを得ず「選択的探索」とするプログラムばかりだったのですが、「力づく探索」を行なっても大丈夫なほど、コンピューターの計算速度が向上した、ということです。このあと、「力づく探索」の最後の大立者 DEEP BLUE までの間、「力づく探索」の全盛期となります。
駒の価値としては、ポーン＝１、ナイト＝3.5、ビショップ＝3.5、ルック＝５、クイーン＝10、を使っていました。
評価関数では、興味深いことにキングの安全性については考慮なしでした。
1966年から1967年にかけて、テレグラフを使って、９ヵ月にわたって４ゲームマッチが行なわれたのですが、最初の２ゲームでは、ITEPの読みの深さは３層、残りの２ゲームでは、５層でした。

そして結果は、最初の２ゲームは引き分け。あとの２ゲームはITEPの勝ちでした。

第３ゲームと第４ゲームはネットに用意してあります。

この歴史的なマッチをゆっくり堪能してみましょう。

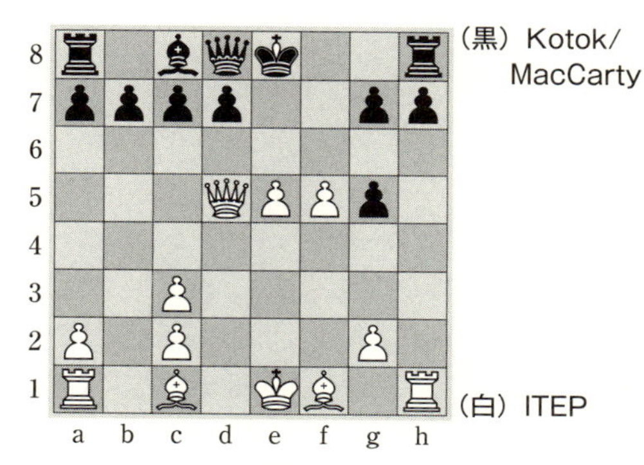

図5.17 第3ゲーム、14...fxg5の後の局面
白（ITEP）の次の一手は何だったのでしょう？

◆8...Nf6が悪手で、12.f5のところでは黒はもう絶望的。

◆12...Ng5も悪く、13.h4で黒は敗勢です。

白の15手目は、初心者でもわかる手ですが、AIはそれがわかる実力になったのです！

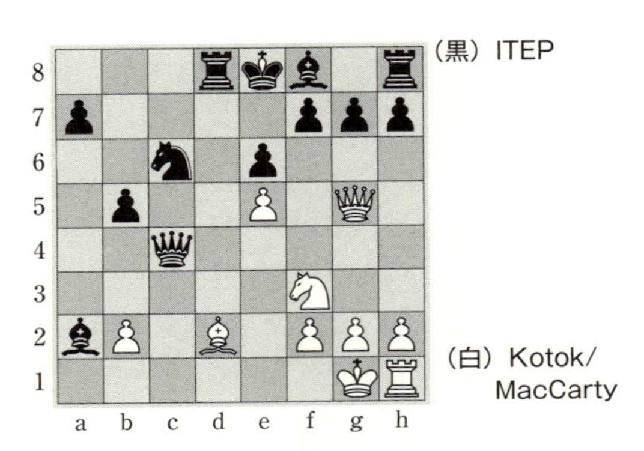

図5.18 第4ゲーム、22.Bd2の後の局面
黒 (ITEP) の次の一手は何だったでしょう?

◇7.c3としていたら白が悪くないのだけれど、7.c4 Nc2+で白は敗勢。これはひどすぎますね。

◆勝敗にはもはや関係ないけれど、黒23手目のところでは23...Qxg5 24.Nxg5 Rd1 25.Nf3 Nxe5とするほうが簡明に勝てます。

この歴史的なマッチにより、チェス・プログラムへの人々の情熱はますます過熱していきます。

MacHack VI、米国チェス連盟の名誉会員となる

MacHack VI はグリーンブラット(Richard Greenblatt)[1944年生まれ。ハッカー・コミュニティーの創設者のひとり。当時「ハック」はエレガントなプログラムの意味

で、「ハッカー」は、どんなプログラムも自在に書ける、プログラミングの達人の意味でした］が1967年に書いたプログラムで、読みの深さは通常５層でした。「選択的探索」のプログラムで、１層目と２層目はそれぞれ15種の手を考慮対象とし、３、４層目は９種、５層目は７種（したがって自分の手を決定するためには手番ごとに、実質的に127,575局面をチェックしていたのです）。

通常、と書いたのにはわけがあって、それは「静止検索」を使っていたからです。

「静止探索」

英語ではquiescence searchで、直訳すれば、静止探索や「休止探索」ですが、もう少しましな訳にすると「一段落するまで探索」くらいでしょうか。これは探索木の末端局面が「駒の取ったり取られたりの最中である場合に、取ったり取られたりが一段落するところまでの図を作って、そこでの評価を元の末端局面の評価とする」手法です。

なぜこれをするのか、理由がわかりますか？

ある末端局面が、ナイトで相手のナイトを取った状態だったとしましょう。ただし、次に相手はコンピューターのナイトを取り返せる状態です。この場合、末端局面で評価すると「ナイトを１つ得している」という誤判断になります。それでは、「その（ナイトを得する）方向」に進む可能性大で、それではまずいですね。駒を取ったり取られたりが一段落するところまでの図を作って、そこでの評価を元の末端局面の評価とすればその誤判断は避けられるのです。

これは重要なことなので、MacHack VI 以降、「静止探索」はチェス・プログラムの基本テクニックとなりました。

MacHack VIはまた、用意した序盤のデータベース（opening book）を使った初のプログラムでもあります。序盤のデータベースを作成したのは、当時MITの学生で、後にグランドマスターとなったコーフマン（Larry Kaufman，1947-）でした。

また、MacHack VI は、ハッシュ表（103ページ）を使った初のプログラムでもあります。その有効性の単純な例を挙げるなら、たとえば、ある局面から（a）20.Bf4 Nd7 21. Be3とゲームが進行しても、（b）20.Bg5 Nd7 21.Be3とゲームが進行しても、同じ局面になるので、（a）のほうの変化についてすでに評価済みなら、（a）の値が（b）にそのまま使えますから、（b）の局面を新たに評価し直すのはまったくの時間のムダですね。そういった重複評価を避けるテクニックが「ハッシュ表」なのです。

また、MacHack VI には、50ほどの経験則がプログラム中に組み込まれていたそうです。

これは、チェスの専門用語を知らないと意味が理解できないでしょうが、オープン・ファイルを支配しているなら加点、センターを支配しているなら加点、等々といった具合です。

こういった、聞くからにすばらしそうなMacHack VIですが、AI（の能力）に対して否定的だったことで有名な哲学者のドレイファス（Hubert Dreyfus）は「コンピューターには、まともな（decent）チェスはとうていできない」と述べていました。それでパパート（S. Papert）

［２年後の1969年にミンスキーと*Perceptrons*を著した人です］がMacHack VI とのマッチを持ちかけ、ドレイファスは承諾し、以下のゲームが行なわれました（1967年）。

このゲームを観戦していたサイモン（NSSの作者のひとり）は、「２人のウッドプッシャー（woodpusher）による、最後まで勝敗がわからない素晴らしいゲームだった」と述べています（woodpusherは、熟達していない人の意です）。ゲームを見ずにこのコメントだけ読むと、ずいぶんすごい皮肉を言っているな、と思う読者がいるでしょうが、ゲームを再現してみると、まったくこのコメントの通りの内容だったことがわかるでしょう。白も黒も下手すぎます――とくに白（ドレイファス）が。

このゲームの棋譜はネットに用意してあります。サイモンのとなりにいる気持ちになって、ゆっくり鑑賞してみましょう。

◇白はいろいろまずくて、10...d5のところでは黒がはっきり優勢。
◆21...Qxh3はポーンを得ることに目がくらんでいる変な手で、論外。21...Rad8とＲをセンターにもっていくほうがはるかに自然で力強く、それで簡単に勝ちです。
◇25.Qf6は次にチェックメイトを狙っています。黒は、まったく見落としていた大ピンチで、人間だったなら大いに焦ったことでしょう。ここで観戦者のサイモンは、目を丸くしていたでしょうね。
◇白は26.Ke3としていたら、黒はＱでチェックを続けるしかなくて引き分けでした。
◇27.Kc2が最後の敗着。27.Ke3としていたら、やはり引き分けでした。

低レベルのゲームではありましたが、これは対戦型AIにとって、当時もっとも有名なゲームになりました。

ちなみに、ドレイファスは、この敗戦の5年後に*What Computers Can't Do*（邦訳『コンピュータには何ができないか』）を著しました。

MacHack VIはさらに歴史を作ります。人のトーナメント（競技会）に初めて出場したチェス・プログラムとなったのです。

以下のゲームは、AIチェスが史上初めて人のトーナメントで勝った歴史的なゲームです。

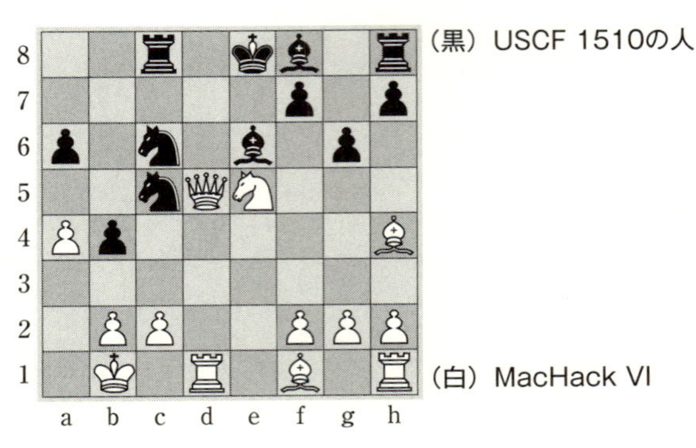

図5.19 19...Be6の後の局面
白の次の一手は？

　このゲームの棋譜はネットに用意してあります。
◇10.a4はＫの周辺を弱くしているだけの悪手。
◆これに対して黒は10...bxa4でよい。10...Bh6＋は大悪手。これで黒はほとんど敗勢。
◆12...Bd7で負けが決定。12...Qxd6 13.Rxd6 bxc3 14.Rxf6 Be6とすればまだ少しはねばれたかもしれません。

　MacHack VI は1967年４月にレイティング・パフォーマンス 1640を達成しました（72ページの一番左下の点がMacHack VIです）。
　ちなみに、USCFのレイティングの値が当時どんなものだったのかをざっと紹介しておきますと――駒の動かし方を知った人はだいたい800前後、クラブプレイアーのもっとも弱い人が1400ほど、USCFの平均は1500ほど、クラスB: 1600–1799、クラスA: 1800–1999、エクスパート: 2000–2199、マスター：2200-2399等々で、レイティングが2200以上になると自動的にUSマスターの称号が与えられました。
　上記の人のレイティングは1510で、だいたい平均的なレベルなので、囲碁でいえば５級くらいに相当するかと思います。

（人間界では）ペトロシャンが1966年にスパスキーとのマッチで世界タイトルを防衛したものの、1969年のマッチではスパスキーに敗れ、世界タイトルを失いました。
　1969年には、挑戦者決定トーナメントの準決勝で敗退した２人による３位決定戦のマッチも行なわれ、結果は以下のとおりでした。

	1	2	3	4	5	6	7	8	
Larsen	=	=	1	1	0	1	=	1	5.5
Tal	=	=	0	0	1	0	=	0	2.5

表5.1

ここで元世界チャンピオンのタルに圧勝したラーセンは、いずれデンマーク初の世界チャンピオンになるかも、と期待されたのですが、結局果たせませんでした。このラーセンは後年、AIの歴史に名前が出てきます。

そして1970年、ACM北米コンピューターチェス選手権が開かれました。ついに、多くのプログラムがしのぎを削り合う時代への突入です。

5.2.2　コンピューター選手権の時代

CHESS x.x

1970年、ACM（Association for Computing Machinery）北米コンピューターチェス選手権（1st ACM 1970）が開かれました。出場したプログラムは６つ。残念ながらMacHack VIは不出場で、このあとはチェス・シーンの表舞台からは姿を消します。

優勝したのはCHESS 3.0（CHESSがプログラム名で、CHESS x.xとも書かれます。後ろの数字は版（version）を表わしています）で、アトキン（Larry Atkin）とスレイト（David Slate）の作です。CHESS 3.0のときはまだ「選択的探索」でした（が、CHESS 4.0では「力づく探索」に書き換えられました）。

これがユニークだった点は、局面に応じてどの評価関数を使うかをまず選ぶことでした。

また、CHESS 4.5からは反復深化法という画期的な方法が使われました（これについては数行後に）。この方法はその後、どのチェス・プログラムも使う基本テクニックとなりました。

2nd ACM 1971でもCHESS 3.5が優勝（２位はTECH（注））、3rd ACM 1972でもCHESS 3.6が優勝（２位はTECH）、4th ACM 1973でもCHESS 4.0が優勝（２位はCHAOS）。CHESS 4.0は1974年に人間のトーナメントにも参加し、レイティング・パフォーマンス1730を達成しました。

反復深化法（iterative deepening）

まず１層のみの読みをして、その局面で可能な種類の手の評価をして、よいものから順番をつけます。その順番で、次は２層の読みをして、得られた結果で、また順番をつけ直します。そして次に３層の読みで……と、１層ずつ読みを深めていくのが反復深化法です。これをすると無駄に時間がかかってしまうように思う人は多いでしょうが、実際は、探索時間はおそろしく短縮できます。順番決めをしているところがポイントで、これで、順番が遅い手の候補はちょっとチェックしただけでたいていは枝刈り対象となるからです。

それから、これは本質的なことではありませんが、「1手につき5秒」のように時間制限を設けてゲームをする場合、その時間内に読み終えた層までの結果で、コンピューターの手を決めることができる、という大きなメリットもあります。

注 TECHは1970年に書かれた、「力づく探索」のプログラムです。形勢判断は、基本的に駒の損得だけで行なっていたようです。相手の手番のときにも考える（相手の手がAなら、私はどの手にするか、相手の手がBなら、私はどの手にするか、等々を相手の手番のときに考える）最初のプログラムです。なお、このテクニックはポンダリング（pondering）とよばれます。

KAISSA登場

CHESSはそのようなめざましい戦績だったのですが、1974年8月の第1回世界コンピューター・チェス選手権では優勝を逃しました。

そこで優勝したのはKAISSAでした。これはITEP（170ページ）を書き換えた新版で、読みの深さは7層で、「枠決め」、キラー・ヒューリスティク、ゼロ手枝刈りなどの新テクニックが使われていました。ちなみに、その名前は、チェスの女神カイーサ（Caïssa）から来ています。

「枠決め」（windowing）

これは、論外な枝を、詳しくは調べずに刈ってしまう方法です。具体的には、評価値の幅をあらかじめ決めておき、それから逸脱している〝悪い〟枝を切るものです。

たとえば、「－1から１」と枠（window）を設定していたとします。

ここで、たとえば、ある層のコンピューターの可能な手のうちの１つであるａに対し、相手の手の可能な手のうちの１つの評価が－1.3であったなら、ｂのノードの値は－1.3以下となります（左下図）。これは枠設定の幅から外れています。それゆえ、コンピューターのａの手についてのチェックはそれ以上続けず、ａという枝は切り捨ててしまうのです。

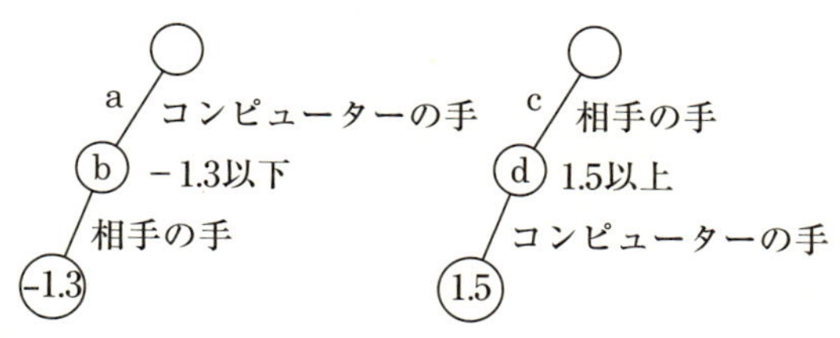

図5.20

また、ある層の相手（人間）の可能な手のうちの１つであるｃに対し、コンピューターの手の可能な手のうちの１つの評価が1.5であったなら、ｄのノードの値は1.5以上となります（右上図）。これは枠設定の幅から外れています。それゆえ、相手の手ｃについてのチェックはそれ以上続けず、cという枝はそこで切り捨ててしまうのです。
このようにコンピューター側にとっての最小値、相手（人間）にとっての最大値をあらかじめ設定して枝刈りをすることを「枠決め」といいます。
この方法は、幅の設定が狭すぎると、すべての枝が刈られてしまうので、もう一度今度は幅を広げて探索し直さなければならないはめになる、という欠点があります。

キラー・ヒューリスティク（killer heuristic）

これは探索経験を生かす方法で、探索順を変更して探索時間を短くする工夫です。
たとえば、ある層の局面で、コンピューターの手Nf4に対して、相手の手Bg5がいい手で、結局Nf4はよくない、との探索結果が得られたとします。
コンピューターの別の手の候補（たとえばNg3やBb2）をチェックする際、（既述の経験を生かして）相手がBg5と応じた場合の評価を真っ先に検討する――これがキラー・ヒューリスティクです。これをすると、コンピューターの別の候補の手の多くのものはよくないことが直ちにわかり（Bg5がいい手にならない手が素早く発見できて）、探索にかける時間が短くてすむのです。

ゼロ手枝刈り（null move pruning）

これは、どんな局面でも、パス（null move）をするよりもいい手があるはず、という理屈を使う枝刈りです。
たとえば、ある層で相手（人間）の手aについての探索が終わっていて、その評価が－1.1だったとします（下図）。次に相手の手ｂをチェックする際、コンピューターの可能な手をあれこれ調べる前に、まず「パス」を考えます。つまり、局面を新たに作らずに手番の値だけを変更して局面評価をするのです。ここでその値が－1だったなら、コンピューターはパスしなければもっとよい値の局面にすることができるはず、と考えると、ｃのノードの値は－1以上となります。それゆえ、相手にとって、ｂの枝はａより劣るので、ここで切り捨ててしまう――これがゼロ手枝刈りです。

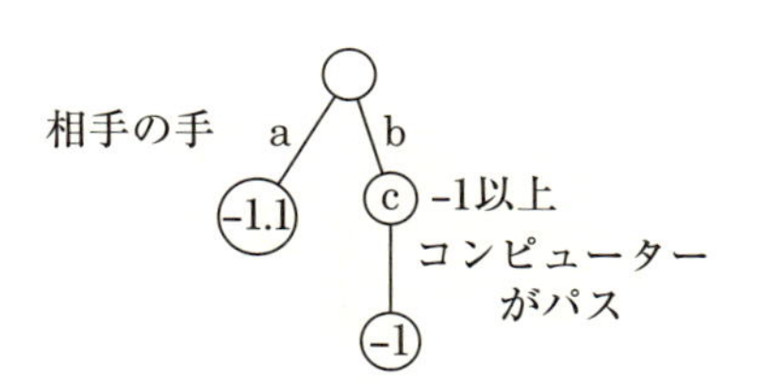

図5.21

これで枝刈りができると、局面を新作成せずにすむので、非常に時間の節約になります。

KAISSAの棋譜はニューヨーク・タイムズ紙に載り、新聞読者の注目をずいぶん集めました。では、この革命的なKAISSAのゲームを２つ見て、新時代の到来を肌で感じとってみましょう。これらの棋譜はネット上に用意してあります。

１つ目のゲームで黒のFRANTZは出場13機中で７位と

なったプログラムです。

◆16...f5は自然な手に見えるものの大悪手。16...O-Oとしていたら黒が優勢。

◇17.Ne5は疑問手で、ここではだいたい互角です。17.Nxe4としていたら白が優勢でした（そのあと17...Bxe1には18.Qxg7）。

◇25.Bf6は、少し苦しい局面での大悪手。

◆25...Rxd1 26.Rxd1 e3としていたら黒の楽勝でした。

◆30...Re8が敗着。30...Qe6で黒が少し優勢でした。

◇31.Qc6で白が勝勢です。

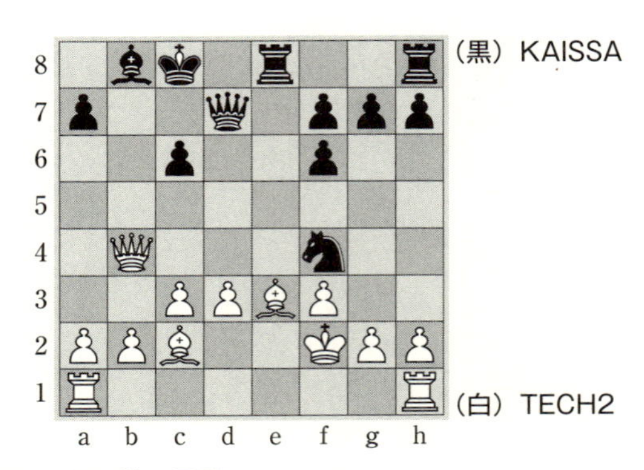

図5.22 21.Kf2の後の局面
黒の次の一手は？

２つ目のゲームで白のTECH2は、出場13機中で５位となったプログラムです。

◇白にいくつかの疑問手が出たあと、13.Qe4は大悪手。13.Qe3とするべきでした。
◆黒は13...O-O-Oでチャンスを逃します。13...f5　14.Qe3　f4　15.Qe4（15.Qb3には15...Nd3+）15...f5としていたら白はもうどうしようもない局面でした。
◇18.c3は悪手。18.Qd4としていれば白が優勢でした。
◆18...Bb8は悪手。18...Bc5　19.d4　f5としていたら白は絶望的でした。
◇19.Bc2は大悪手。19.Rhe1としてe3のＢを守っておけば白が優勢でした。
◆19...Ng6で黒がはっきり優勢です。

さてこのころの人間界を見てみると、ボトヴィニク・チェス・スクールの生徒だったカルポフが1975年に23歳で世界チャンピオンになりました。

第１回世界コンピューター・チェス選手権では優勝を逃しましたが、CHESSはその後も成長を続けます。
1977年の第２回世界コンピューター・チェス選手権でCHESS　4.6が優勝（２位DUCHESS、３位KAISSA)。そのほか、以下のような戦績を残しています。

6th ACM 1975、CHESS 4.4が優勝
7th ACM 1976、CHESS 4.5が優勝（２位はCHAOS)
8th ACM 1977、CHESS 4.6が優勝（２位はDUCHESS、３位CHAOS)
9th ACM 1978、BELLEが優勝（２位はCHESS 4.7、３

位CHAOS）
10th ACM 1979、CHESS 4.9が優勝（２位はBELLE）

CHESSは人のトーナメントにも参加し続け、CHESS 4.5が1977年にはサラソータの大会とミネソタ州オープン選手権でそれぞれレイティング・パフォーマンス2136と2271を記録、1980年にCHESS 4.7は2168を記録しました。
そして、（まだインターナショナル・マスター（IM）のレベルには遠かったのですが）IMのリーヴァイとの６ゲームマッチが1978年に行なわれることになりました。

	1	2	3	4	5	
Levy	=	1	1	0	1	3.5
CHESS 4.7	=	0	0	1	0	1.5

章5.2

結果は上の通りで、（マッチの勝者はリーヴァイですが）第４ゲームでコンピューターがIMに初めて勝ったのです！
この第４ゲームの棋譜はネットに用意してあります。
AIがついになしとげた快挙の瞬間を「目撃」してみましょう。

◆「24...Bg3は疑問手で、24...Bc8のほうがよい」とリーヴァイ。
◆30...Ba6は疑問。ここでは30...Bf4　31.Re7+　Kf6　32.Rxa7

Rxf3+で、たぶん黒が優勢だったでしょう。
◇33.f4 「私はこの手を見落としていた」とリーヴァイ。これで白が優勢です。
◆「39...Bc5 40.Rxd5 d3 41.Bxc5+ bxc5としていたら黒の勝ち」とリーヴァイ。これは間違いで、そのあと42.b3で白の勝ち。
◆黒は55...Be7としてから投了しました。このあと56.g7+で簡単な勝ちです。

こうして、人々の関心は「AIはインターナショナル・マスター（IM）にいつ勝てるのか」から「AIはグランドマスター（GM）にいつ勝てるのか」に変わったのです。

さて、1980年の第３回世界コンピューター・チェス選手権では、（２ページ前にすでに名前が出ている）BELLEが優勝しました。18機が参加し、２位はCHAOS（BELLEと１位に並んだのですが、追加で行なわれた優勝者決定戦でBELLEに負けました）。CHESS 4.9は５位、KAISSAは７位でした。

BELLEはケン・トンプソン（99ページ参照）とジョウ・コンドンが作ったもので、読みの深さは８層でした。[いやはや、８層なら優勝しても不思議ではありませんね。不思議なのは、１秒間に70の局面評価しかできなくて、読みの深さが４層だけのCHAOSがなぜ１位に並ぶことができたのか、です――185ページでは上位に何度も名前が出ていますし……。きっと、局面評価の仕方が非常に巧妙だったのでしょうね。]

BELLEは1983年に米国オープン選手権でレイティング・パフォーマンス2363を記録し、USCFレイティングが2203となり、なんと、USマスターのタイトルをAIとして初めて獲得しました。

ACMのほうでは、1978年の第9回、1980年の第11回、1981年の第12回、1982年の第13回、1986年の第17回でそれぞれ優勝しました。

では、USマスターとなる、という快挙をなしとげたBELLEの痛快なゲームをじっくり観戦してみましょう。

この棋譜はネット上に用意してあります。

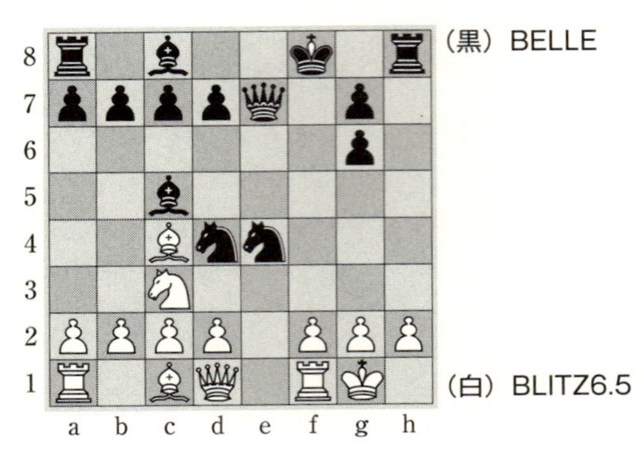

図5.23 10.O-Oの後の局面
黒の次の(かっこいい)一手は?

◇6.Nxe5は疑問で、6.O-Oのほうがよい。

◆7...Kf8で、白は駒損が避けられない局面で、白の敗勢。

◇もはや勝敗には関係ないけれど、10.O-Oは嵐の中へのキャスリング。
◇11手目に白が11.g3としていたら11...Nxg3とできます。いやはや、黒は楽しすぎますね。

1983年の第4回世界コンピューター・チェス選手権は、第14回ACM選手権を兼ねていました。ここで優勝したのは、CRAY BLITZでした。

CRAY BLITZは、ハイアット（Robert Hyatt）とガウアー（Albert Gower）によるもので、上に既出のBLITZを書き換えたものです。読みの深さはBELLEと同じで、8層でした。

CRAY BLITZは、それに先立つ1981年には、ミシシッピー州選手権に出場し、2258のレイティング・パフォーマンスを記録しています。

また、1984年の第15回ACM選手権でも優勝し、1986年の第5回世界コンピューター・チェス選手権でも優勝しました（2位BEBE、3位HITECH）。

では、当時世界最強のCRAY BLITZのゲームを見てみましょう（ネットに用意してあります）。このゲームは、ニューヨーク・タイムズ紙にもサイエンティフィック・アメリカン誌にも載りました。日々上達し続けるAIに世の人々の関心が集っている時代だったのです。

◆16...Bd7のところで、IMのヴァルヴォ（M. Valvo）いわく、「白Kの周辺が弱くなっていくのを避けられないので、白はほとんど絶望的」

◇17.Nxc6は大悪手。これで敗勢。17.Ne2としていたら、まだねばれました。
◇24.Qxd6には、24...Rxb3+ ！
◇34.Rhe1のところでは、人間だったなら投了していたでしょうね。
本局は、３年間不敗だったCRAY BLITZがついに敗れたゲームです。

驚きのAWITとCHAOS

1983年の第４回世界コンピューター・チェス選手権は22機で争われました。上位のAIは以下の通りです。

１位　CRAY BLITZ（８層）
２位　BEBE（７層）
３位　AWIT（３層!!）
４位　NUCHESS（CHESS 4.9を書き換えたもの）
５位　CHAOS（４層!）
６位　BELLE（８層）

CRAY BLITZ［使用言語はFortran］の局面評価速度は、10万局面／秒、BEBE［使用言語はAssembly］は２万局面／秒、（次項で登場するHITECHは10万局面／秒、DEEP THOUGHTは100万局面／秒）等々で、深読みプログラムの計算速度はとても速いのですが、たった４層のCHAOS［使用言語はFortran］はなんと50局面／秒（1985年には70局面／秒）、さらに、たった３層のAWIT［使用言語はAlgol W］の計算速度にいたっては驚愕の８局面／秒だったのです！

AWITは上記のほかに輝かしい戦績を残してはいませんが、世界選手権で一度であろうと３位になったのは、あまりにも素晴らしい戦績といえますね。

AWITは極端な「選択的探索」をしていました（「力づく探索」全盛のこの時代に、です）。３分間でチェックする総局面数はたったの200。ちなみにBELLEは3000万～4000万局面なので、200は想像を絶する少なさでした。

CHAOSも「選択的探索」をしていて、手番のたびに１万局面ほどだけ（AWITと比べればかなり多いのですが）をチェックしていました。どちらも１つずつの局面評価に時間をかけていたのです。

では、CHAOSの代表的なゲームを見てみましょう。下のハイライト図が示す驚愕のゲームです。この棋譜はネット上に用意してあります。

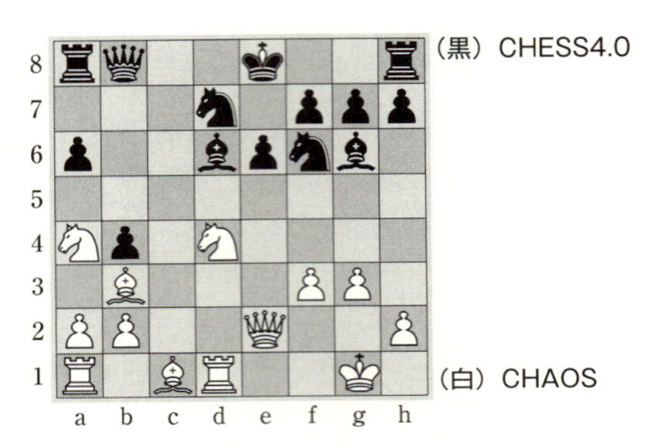

図5.24 15...Bg6の後の局面
白の次の一手は？

◆黒の13手目は、13...O-Oのほうがよい。
◇16.Nxe6！　これで白の勝勢。
◇22.Bd6 Ndf6 23.Rc8とするほうがスピーディー。
◇白の終盤のもたつきっぷりがすごい。読みが浅いので仕方のないことではあるけれど、これで中盤で優勢になれるのがまったく不思議です。

5.2.3 AI、グランドマスターを倒す！

さて、人間界のほうでは、1984年に、チェス史上もっとも凄まじいマッチが行なわれました。1978年と1981年にともにコーチノイの挑戦を退けてタイトルを防衛したカルポフに対し、コーチノイ、スミスロフらにマッチで勝って挑戦者になったカスパロフが挑む世界選手権です。これは、ゲーム数は無制限で、先に6勝した者がマッチの勝者となる、というルールで行なわれました。

　このマッチは第９ゲームまでは以下のように進みました。

	1	2	3	4	5	6	7	8	9
Karpov	=	=	1	=	=	1	1	=	1
Kasparov	=	=	0	=	=	0	0	=	0

表5.3

　こうしてカルポフの圧勝に終わるかと見えたのですが、その後、引き分けが何ゲームも続き、第27ゲームでカルポフがようやく５勝目を挙げてスコアは5-0となったものの、第32ゲームでカスパロフが初勝利したあとまた何ゲームも引き分けが続き、カルポフの疲労の色が濃く、関係者も疲れ切ってしまい、第47ゲームと第48ゲームでカルポフが連敗した時点（スコアはこのとき5-3）で、国際チェス連盟会長の決定によってマッチは（延期ではなく）中止となったのでした。

　では、私たちAIのほうに話をもどしましょう。

　1985年、第16回ACM選手権でHITECHが優勝しました。これまで名前が何度も出ているバーリナーによるもので、計算速度は17万5000局面／秒、読みの深さは８層でした。

　HITECHは、人間のトーナメントにも当然参加し、ピッツバーグでのトーナメントで、レイティング・パフォーマンス2530を記録しました。

1987年にはインターナショナル・マスター（IM）のペレ（Laszlo Perecz）とのマッチに、1.5－0.5で勝利。

1988年には74歳の名誉グランドマスター（名誉称号なので、トーナメントの戦績で獲得したタイトルのグランドマスターとは異なります）のデンカー（Arnold Denker）に3.5－0.5で勝ちました。

——というわけで、グランドマスター（GM）に初勝利するAIはHITECHになるかも……と世の期待を集めたのですが、結局それは果たせませんでした。

1987年に第18回ACMでCHIPTESTが優勝。これはスー（Feng-hsiung Hsu）［26ページに既出］らによるもので、「１つだけの延長」（singular extensions）というテクニックが使われていました。

これは候補の手の中で１つだけが飛び抜けていい場合、その手についてさらに深い層まで先読みを追加するものです。つまり、人間的な思考に置き換えると、「いま、相手のポーンがただで取れる状態だ。しかも、取っても大丈夫そうだ。だから取れば大儲け。でも待てよ……それは罠かもしれない。本当に取っていいものかどうか、もっとずっと先まで読んでみよう」というようなことをするものなのです。

では、CHIPTESTがCRAY BLITZに勝ったゲームを見てみましょう。棋譜はネットに用意してあります。CHIPTESTは、じつは、かのDEEP BLUEの元の版なのです！

◆12...e5は悪手。12...e6のほうがよい。
◇14.Na4は疑問。単純な14.Ne6で白が少し優勢。
◇20.Nac5は悪手。20.Bc3で白が優勢。
◇22.Ne4は悪手。これで白ははっきり劣勢。22.Rxe5 Rxe5 23.Bb4（狙いの１つは24.Rxd4）としていたら互角でした。

このCHIPTESTを改良したDEEP THOUGHTが、1988年の第19回ACM選手権で優勝。翌1989年の第６回世界コンピューター・チェス選手権でも優勝しました。

DEEP THOUGHTの計算速度は100万局面／秒で、読みの深さは10層でした。

当然ながら、DEEP THOUGHTも人間のトーナメントに出場しました。そのうちの１つが、1988年にカリフォルニア州ロングビーチで開かれたトーナメントです。

これにはラーセン（178ページ）や元世界チャンピオンのタルや、かつてボトヴィニクと世界選手権のマッチをしたブロンステイン（D. Bronstein, 1924－2006）や、GMのマイルズ（A. Miles）も出場していました。

ここでAIがついに「トーナメントでGMに初勝利」の快挙をなしとげたのです！

では、世界のチェス・ファンを熱狂させたそのゲームを「目撃」してみましょう（棋譜はネットに用意してあります）。

◇白（ラーセン）の27手目の選択は難しい。黒が次に27...c5を狙っているので、白は心理的にかなり苦しい局面です。で、27.g4は、ポーンを捨ててアタックのチャンスを得ようとする手ですが、疑問。27.Rdf1とするしかなかったかもしれません。
◆28...c5で黒がはっきり優勢です。

ラーセンがDEEP THOUGHTに負けたニュースは、世界のチェスファンを驚愕させました。ニューヨーク・タイムズ紙に載ったその棋譜を長く保存していた人はとても多いだろうと思います。

同トーナメントでDEEP THOUGHTは優勝（マイルズも１位タイ）したのですが、優勝を驚く人よりも、ラーセンに勝ったことを驚く人が圧倒的に多かったようです。

なお、このときのDEEP THOUGHTのレイティング・パフォーマンスは2745でした。

こうしてDEEP THOUGHTは広く一般に過大評価され、その改良版のDEEP BLUEと対戦するときカスパロフすら、DEEP BLUEの計算能力を信じすぎる、という間違いをしました。当時のAIの弱点は、以下の２つのゲーム（棋譜はネットに用意してあります）ではっきりと見られ、この欠点のことはチェスファンのなかでは広く知られていました。

まず１つ目の例。黒のヴァールは1968年生まれのドイツのGMです。

◇20.a4は疑問手。20.Be2のほうがずっとよい。このような、駒が飛び交いにくい局面の扱いが、当時のAIはうまくないのです。第一、白キングがまだキャスリングしていない状態で局面を忙しくするのは、静的な局面判断間違いで、読み以前の問題です（白キングに脅威が直接及んでしまうので）。
◆20...bxc4は悪手。20...Bf8のほうがはるかによい。
◇21.Qxd6はブランダー（大悪手）。21.Bxc4としていたら白が少し優勢でした。
◆21...Qb7は勝ちを逃している手。21...cxb3ではっきり勝ち（そのあと22.Qxd7には22...b2）。
◇22.bxc4はブランダー。これで負け。22. Bxc4としていたら白が少し優勢でした。

２つ目の例で、黒のブロンステインは1951年の世界選手権の挑戦者だった強豪です。
◆11...c5　白がAIであることを考慮に入れると、この手で白はもはや劣勢。センターのポーンが動けなくて駒が飛び交えない局面の扱いがAIはまったくうまくないので。
◆19...Bxh3　美しい。ここから黒は、勝ちの終盤へと向かいました。

1989年にスーらはIBMに雇われ、DEEP THOUGHTはさらに成長し、DEEP BLUEに名を変えます。こうして、「力づく探索」の最後の大立者が登場したのです（計算速度は２億局面／秒、読みの深さは12層）。

1995年の第8回世界コンピューター・チェス選手権にDEEP BLUE Prototypeが出場。最終ラウンドでFRITZに敗れて優勝を逃します（これが、次に「目撃」する、「力づく探索」終焉を示すゲームです）。

優勝したFRITZはパソコン用のプログラム（1996年のFRITZ 4以降はWindowsで使えるようになりました）で、「ゼロ手枝刈り」が特色の「選択的探索」プログラムです。局面評価に時間をかけるために枝刈りをするのではなく、より深く読むことに時間を割けるように枝刈りをするのです。FRITZ（計算速度は800万局面／秒、読みの深さは17層）登場後、SHREDDER、RYBKA、STOCKFISH、KOMODO等々と、このタイプの枝刈りの全盛時代となっていくのですが、それはまた次項の話です。

では、歴史的転換の記念碑を見てみましょう（棋譜はネットに用意してあります）。

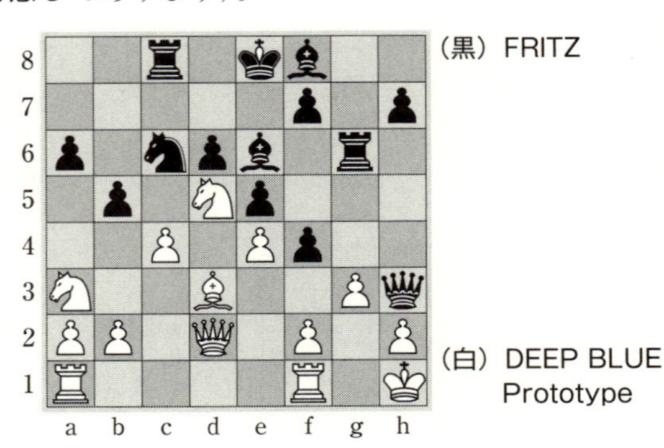

図5.24 18.Qd2の後の局面
黒の次の手と、その次の黒の手は？

◆13...Rg8の時点では、黒がすでに優勢でしょう。白の戦力が無力化しています（なぜか、DEEP BLUEはこの種の局面になることを避けるような評価関数になっていない、ということです）。黒Kはキャスリングしていませんが、センターに〝岩の壁〟があって、安全な状態で、一方白はキャスリングしているものの、正面から黒のアタックにさらされる状態になっています。
◇16.c4は負けを早めています。黒Qをh4の地点にこさせないために、16.g3とすべきでした。こうしていればまだ多少はねばれます――それでもやはり敗勢でしょうが。
本ゲームは、「力づく探索」の時代の終焉を示す対局となりました。

DEEP BLUEとカスパロフの最初のマッチは1996年に行なわれました。そして２月10日の第１局目で、「世界チャンピオンに勝つ」という快挙がなされました。もっとも、マッチはカスパロフが4-2で勝ちましたが……。

	1	2	3	4	5	6	
Kasparov	0	1	=	=	1	1	4
DEEP BLUE	1	0	=	=	0	0	2

表5.4

DEEP BLUEとカスパロフの２回目のマッチは1997年に

行なわれました。そして、（これは読者のほとんどが知っているでしょうが）DEEP BLUEがマッチに勝ったのでした。

	1	2	3	4	5	6	
DEEP BLUE	0	1	=	=	=	1	3.5
Kasparov	1	0	=	=	=	0	2.5

表5.5

敗北したカスパロフはDEEP BLUEとのリターンマッチを要求したのですが、IBMはDEEP BLUEを引退させ、DEEP BLUEはチェス・シーンから消えました。

なお、これら２つのマッチで、DEEP BLUEが勝った計３ゲームは、ネットに用意してあります。

5.2.4 人類を超えてさらに進む

これは、チェスファンしか知らない（世の人が広く知っているのではない）でしょうが、じつは、カスパロフに勝ったAIは、DEEP BLUEが最初ではないのです――いえ、〝40手目まで２時間〟のような長い持ち時間のチェスではDEEP BLUEが初なのですが――早指しでは、別のプログラムがそれよりも先に勝っているのです。

まず、1994年に行なわれた、持ち時間25分の早指し（active chess）２ゲームマッチでは、CHESS GENIUSが1.5-0.5でカスパロフに勝ちました（CHESS GENIUSが勝ったゲームはネットに置いてあります)。

また、さらにそれよりも前の1992年には、FRITZがブリッツ（持ち時間5分）でカスパロフに勝っています。このニュースは、当時、チェス界を大興奮させました。

それなので、DEEP BLUEがカスパロフに勝ったときは、これらの前例を知っている人の多くはたいして驚きはしなかっただろうと思います。それよりも、カスパロフがコンピューター対策をあまりしていないように見えたことのほうが驚きでした。

当時、コンピューターは駒がたくさん飛び交う局面が大得意ではあっても、駒が飛び交えない局面の扱いはまったく下手で、また、優勢な終盤を目指すプランで戦うタイプのゲーム運びも苦手でした。なぜなら、それらの局面では長い手数がかかるプランが必要で、読みの深さが浅く［10層程度に］限定されているコンピューターでは、よいプランを発見できないからです。多くのチェスファンはこのようなAIの特性を知っていましたが、カスパロフはそれに合わせたゲームをしなかったように見えたので、それが驚きだったのです。

トッププレイアーの中ではクラムニク（Kramnik）がAIの特性をとりわけよく知っていることは有名でした。それで、クラムニクだったならDEEP BLUEには負けなかっただろう、と多くの人は残念がりました。

さて、そのクラムニクですが、世界チャンピオンになった後に、DEEP FRITZとマッチをしました。結果は以下の通りでした（DEEP FRITZが勝った2ゲームはネットに置いてあります)。

	1	2	3	4	5	6	
DEEP FRITZ	=	1	=	=	=	1	4
Kramnik	=	0	=	=	=	0	2

表5.6

第9回以降の世界コンピューター・チェス選手権の結果(上位のみ)は以下のとおりです。

年　回

1999 9th 1. SHREDDER 2. FERRET 3. FRITZ

2002 10th 1. DEEP JUNIOR 2. SHREDDER 3. BRUTUS

2003 11th 1. SHREDDER 2. DEEP FRITZ 3. DEEP JUNIOR

2004 12th 1. DEEP JUNIOR 2. SHREDDER 3. DIEP 4. FRITZ

2005 13th 1. ZAPPA 2. FRUIT 3. DEEP SJENG, SHREDDER

2006 14th 1. JUNIOR 2. SHREDDER 3. RAJLICH

2007 15th 1. RYBKA 2. ZAPPA 3. LOOP

2008 16th 1. RYBKA 2. HIARCS 3. JUNIOR

2009 17th 1. RYBKA 2. DEEP SJENG, JUNIOR, SHREDDER

2010 18th 1. RYBKA 2. RONDO, THINKER 4. SHREDDER

見ての通り、2007年に登場したRYBKAは圧倒的な実力を見せ、SSDF（注）ほか、さまざまなレイティング・リストで2位以下を大きく引き離す値で名声を得ました（ちなみに、クラムニクに勝ったDEEP FRITZはどのリストでも3位以内に入っていませんでした)。が、のちに、倫理的なスキャンダルにより世界タイトルは剝奪されました(チェスボード外の話なのでここではその詳細には触れません)。

RYBKAは、極端な「選択的探索」で有名で、数秒だけで14層、持ち時間に余裕があれば20層以上先読みする超新星だったのですが、2011年以降は世界コンピューター・チェス選手権への参加を禁止されました。

RYBKAの特色の1つは、「履歴枝刈り」(history pruning）です。これは反復深化法を行なう際、層がある程度深くなってからは、よさそうな手の候補数種のみに限定して枝を作る、というものです。

注 Swedish Chess Computer Association —— Svenska schackdatorföreningen（SSDF）

なお、2016年2月のSSDFのレイティング・リストでは

1位 KOMODO 9.1 3361
2位 STOCKFISH 6 3328
3位 KOMODO 7.0 3269

となっています（ちなみに、DEEP FRITZ 13は3098で17位)。

では、人類をはるかに超えている２機同士の超ハイレベルなゲームを観戦してみましょう（棋譜はネットに用意してあります）。RYBKAのすばらしいパワーが見られる2010年のゲームです。

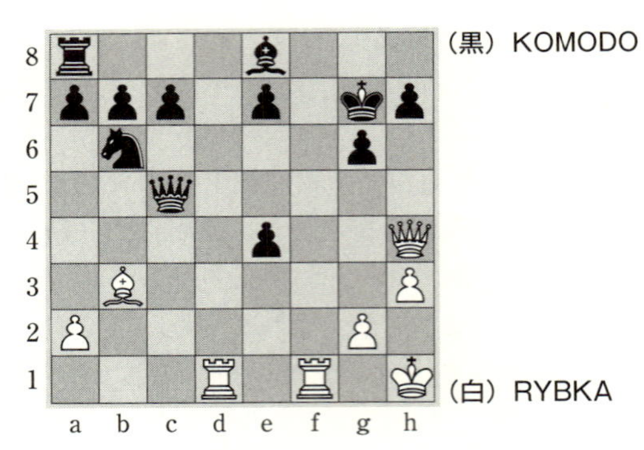

図5.25 24...Kxg7のあとの局面
白の次の一手は？

◇難解な局面がずっと続いた後、22.Bh6で白がはっきり優勢（黒Kの周辺が弱い）。

現在、様々なレイティング・リストで１位のKOMODOは2016年の第22回世界コンピューター・チェス選手権で優勝しました。

人間的な知識による局面評価――たとえば（これは基本的な例なのでKOMODOに限った話ではありませんが）中盤でキングの近くに敵のポーンがある場合は減点、といった具合――が最大の特色、と言われています。

KOMODOはRYBKAよりもさらに計算が速く、数秒だけでも16層読んでしまいます。特徴的なのは、駒を飛び交わせることや、相手キングへのアタックにはあまり関心がないかのように、局面を――ポーンのフォーメイションや駒の配置を――少しずつじりじりとより良くしていく点です。このプレイの仕方をポジショナル・プレイといいます。ポジショナル・プレイを中心としている点が、これまでのプログラムにない、非常に人間的なプログラムです。

今度は、前ゲームの２機による2014年のゲームを見てみましょう。（棋譜はネットに用意してあります）。感動的なすばらしいゲームです。

◆RYBKAの24...Qd5は疑問手に見えるけれど、白（KOMODO）がQxe6を狙っているので、仕方のない手なのかも。

◇26.b4で白がはっきり優勢。

◇50手目、白は優勢ではあるものの勝つのに十分なのかは判断が難しい局面。50.Kd1は勝ちのプラン（b3の地点に向かう）を見つけた手です。AIが終盤のプランを見つけることができるとは、なんともすごい。

最後は、現在世界最強のKOMODOが最新の世界コンピューター・チェス選手権で優勝を決めた記念すべきゲームです。

黒のJONNYは第21回世界コンピューター・チェス選手権の優勝プログラムです。

本ゲームは2016年の第22回の選手権において１位タイに

並んだ２機のプレイオフで、引き分けが５ゲーム続いたあとの第６ゲーム（第５局と第６局での持ち時間は、各３分で１手ごとに５秒追加）。超緊迫したゲームです。

KOMODOのエレガントなプレイをたっぷり堪能してみましょう（棋譜はネットに用意してあります）。

◇25.f4　美しい。白はここではわずかに優勢なだけですが、ここから白が１手ごとにじりじりと有利さをはっきりさせていきます。その手順が非常に人間的。強いプログラムに特有の「駒を飛び交わせるパワープレイ」とはっきり異なっていて、エレガント。
◇45.Nd3の時点で白がはっきり優勢。

KOMODOは読みが極端に深くなった人間に見えますね。KOMODOの人間的な美しいプレイに感心すればするほど、人間の直観的な局面評価にAIは決して及ばないのだろう、と思えてきます。

第6章
囲碁で人類を超える

多くの人々の予想に反し、李世石を破ったAlphaGoのしくみとその強さを見ていきましょう。

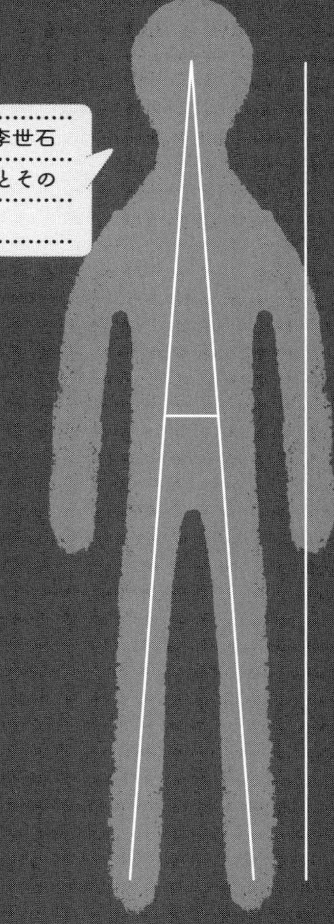

強いプログラムであるためには深い読みが必要で、それはチェッカー（完全解析結果を持っていないなら）、チェス、囲碁等、すべてで共通です。

とはいえ、深く読むためには、計算量はそれぞれずいぶん異なります。

チェッカーの場合、手番のときに可能な手はせいぜい十数通り（強制手で１通りしかないときもある）で、その中の多くはナンセンスな手で、囲碁式に数えてだいたい20手くらいで勝敗の行方はわかります。

チェスの場合は、手番のときに可能な手は数十通りほどで、その中で考慮に値するものは３通りほどです（マスターレベル以上のプレイアーは次の１手の候補としてそのくらいしか考えません）。そして、囲碁式に数えてだいたい60手くらいで勝敗の行方はわかります。

囲碁はこれらと大きく異なり、手番のときに可能な手は、序盤のときには300通り以上あり、その中で考慮に値する手の候補は１ケタではないでしょう。そして、ゲームが100手目くらいに進んだ時点ではまだ、勝敗の行方は全然わかりません。

囲碁では膨大な計算量が必要なのです。そして、この点により、AIは人間を超えられない、と長らく考えられてきたのでした。

6.1 囲碁はどんなゲーム？

本書を手に取った人の大半は、囲碁がどんなゲームであるかを知っているでしょうが、まったく知らない人も大勢いるでしょうから、ぼんやりとわかるようになるくらいの説明だけしておきます。

囲碁は、単に碁ともいいます（英語ではGoです）。

先手（黒）と後手（白）の２人が、交互に自分の（色の）石を１つずつ盤上に置いていくゲームで、自分の石で囲んだ領域（地）の多いほうが勝ちです。地は囲んだ領域内の格子点の数で、単位は「目」です。ただし、取った相手の石は、終局後、相手の地の中に戻し（埋め）ます。つまり、「あなたが囲った地の中の格子点数－取られたあなたの石の数」が最終的に、あなたの地の値です。

では、下図の終局時の例で、地を数えてみましょう。

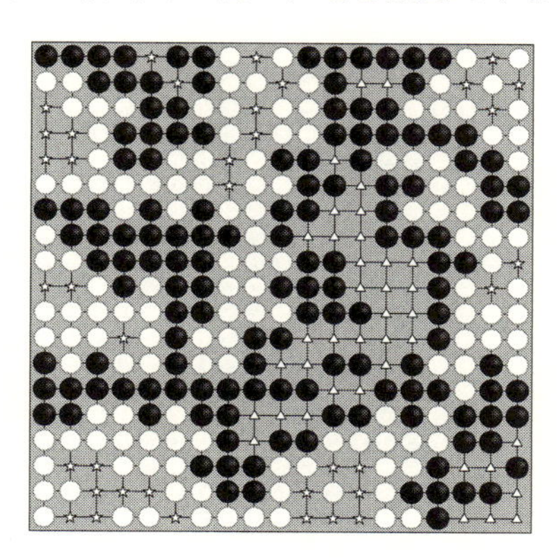

図6.1

左上に２目の黒地があります。また、右下に７目の黒地があります。中央の黒地は31目です。したがって、合計で黒地は40目です。

一方、白地は合計で35目です。

したがって、もしも双方に取られた石がまったくないなら、ゲーム結果は「黒が盤面で５目勝ち」です。

ところで、穏やかな囲い合いだけでゲームが終了することは滅多になく、通常は囲い合いの最中に戦いが発生します。そして一方の（あるいは双方の）石がいろいろなところで死にます。たとえば、終局図が下図のようであったなら、残骸状にある×のついた石が死んでいる石（＝取られた石）で、これは終了時に相手の地の中に埋めます（どれが死んでいるのか、の判断には、石の死活についての知識が必要です）。下の例では死んでいる白石が７個、黒石が１個なので、ゲームの最中に取られた石が（これら以外に）まったくないなら、ゲーム結果は(40－1)－(35－7)＝11で、ゲーム結果は「黒が盤面で11目勝ち」です。

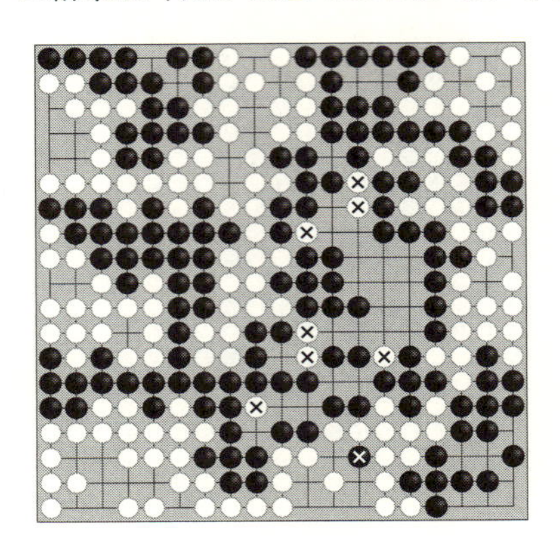

図6.2

囲碁では先手が有利なので、互角に近い対局にするために通常は「コミ」を設けます。コミは、黒にハンディキャップを課するための目数で、現在では6目半や7目半がよく使われています。

それで、もしも上記の対局が「コミ6目半」で行なわれたものだったなら、結果は、結局のところ、(11－6.5＝4.5で)「黒の4目半勝ち」となります。

囲碁はだいたいこのようなゲームです。ゲームをするために初心者が知っておかなければならないことはこれですべてではありませんが、囲碁がどんなゲームであるのかは、これでつかめたかと思います。ゲームを行なうための知識をすっかり得たい読者は、劫(コウ)についてのルールと、石の死活についての基本知識などを、ネットで調べるとよいでしょう。

6.2 AlphaGoの特色

囲碁の初のコンピューター・プログラムは1968年にゾブリスト(Albert Zobrist)によって書かれました。その後長らく、チェッカーやチェスのプログラムと同様に、評価関数を用いたプログラムが書かれましたが、強いプログラムはまったく登場せず、実力は級のレベルでした。ところが、評価関数を使わずにモンテカルロ法を使うプログラムが、1993年にブリュクマン(Bernd Brügmann)によって初めて書かれた10年ほど後から、モンテカルロ法を使った強いプログラム(アマ高段者のレベル)が続々と登場しました。

AlphaGoは、そのモンテカルロ法と評価関数を併用しています。

ここで一瞬だけ囲碁から離れて、モンテカルロ法について説明をします。

モンテカルロ法は、乱数を発生させて解（の近似値）を求める方法です。問題例を通して説明しましょう。

例題

長さ１の鉄線（直線）上に、極小の虫（計算上は点として扱う）が２匹、それぞれランダムな位置にとまります。

このとき、２匹の虫の距離の期待値は？

図6.3

これは積分を使って簡単に解ける問題で、答えは$\frac{1}{3}$です(巻末補足)。これをモンテカルロ法で解く——とは、以下のようにすればいいのです。

まず、０から１までの範囲で乱数を２つ発生させ、２つの値の差の絶対値dを計算します。これを数百回とか数千回行なって、dの平均値を計算します。すると、$\frac{1}{3}$にかぎりなく近い値が得られます（試してみてください）。これがモンテカルロ法で得た解（の近似値）です。

さて、話を囲碁に戻しまして——囲碁のプログラムでモンテカルロ法を使うということは、以下のようにすることです。
「探索木の末端ノードの局面δを出発点として、乱数を発生させて、白と黒にランダムに着手させて、終局まで打ち切ってしまい（終局まで打ち切ることをプレイアウト〔playout〕といいます）、勝ちか負けかを判定」――これ（playout）を何度も繰り返します。そうしてδの局面での「勝つ確率」を得るのです（たとえば、20回プレイアウトして12勝8敗なら、δの局面の評価値は「勝つ確率60％」です）。
したがって、原理としては以下のようになります。
各末端ノードの値（勝率）がたとえば、下図のようであったとします（探索木がわずか2層の場合の例です）。

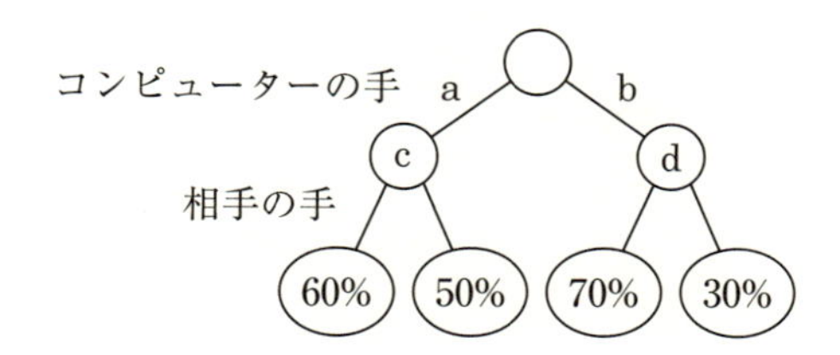

図6.4

この図の場合、cのノードの値は（相手はコンピューターの勝つ確率を可能な限り低くする道を当然選ぶ、とみなして）50％、dは30％となり、結局コンピューターの手としてはaがベスト、ということになります。

では、以下、AlphaGoの内部でどのような計算が行なわれているかの説明をしましょう。

AlphaGoのプログラムの大きな特色は２つあります。まず１つ目――

AlphaGo（の開発チーム）は、回帰分析を行なって評価関数を作りました。これは、任意の局面におけるコンピューターの勝つ確率（の予測値）を算出するものです。そして、AlphaGoは対局中に、探索木の末端ノードにおいて「モンテカルロ法によって計算した勝率」と「評価関数によって計算した勝率」の平均値を、末端ノードの評価値としています。

たとえば、ある末端ノードの局面が下図のようだったとします。

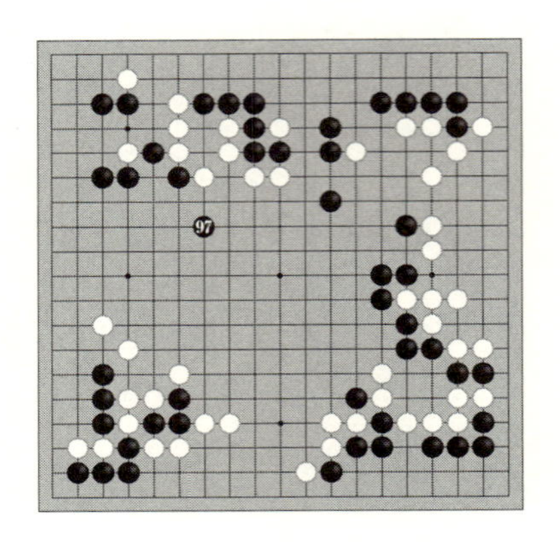

図6.5

この局面での、評価関数による値（勝つ確率の予想値）が60％で、一方、この図のあと、モンテカルロ法で何度もプレイアウトした結果（の勝率）が70％であるなら、結局、「この局面に（現局面から何手か後に）たどり着いた場合、コンピューターが勝つ確率は65％」ということです。

ところで、雑誌等では、「AlphaGoは自分自身との対局を繰り返すことで試行錯誤しながら自ら学習して……」ということが書かれていることが多かったですね。これはまったく誤解（「学習」の意味の誤解）に基づく記述——あるいは読者に誤解を与えてしまう記述——です。

実際は、AlphaGo同士の対局をたくさん行ない、その棋譜データを解析して、結果予測プログラムをより正確なものにしたのです。

人間同士の対局では、とんでもないポカがあって、そこで形勢が逆転することが多々あるので、人間同士の対局だけでデータを解析すると、「一方が優勢な局面（α）でポカをして結局負けた対局」では、αを負けの局面として解析用資料としてしまうことになります——そのような解析をしないように工夫されていないならば、ですが。それで、結果予測の解析に正しくないデータが多々加わっていることになるので、人間同士の対局だけの解析では、結果予測がいくぶん正確さに欠けるものとなります。それで、AlphaGo同士の対局を行なって、ポカなし対局データを多量に加えることで結果予測をより正確にしたのです。なお、AlphaGo同士の多量な対局データは、これから（数行後から）説明する「人間の着手を予測・模倣するプログラム」を使い、先読みをせずに黒も白も着手し続ける方法で、１日で作成したそうです。

!!ここはとても重要!!

機械学習における学習とは、１ゲーム終えてそこから教訓を得て、また１ゲーム終えてそこから教訓を得て……という学習ではありま

せん。

２つ目――これがAlphaGoの最大の特色なのですが――それは、「この局面で人間はどこに打つか」を予測するプログラム（68ページに既出）を持っている点です。これは、次の１手として打つ確率が最も高い場所（とその確率）、確率が２番目に高い場所（とその確率）、確率が３番目……等々の予測をするプログラムです。

ちなみに、当然ながら、この予測プログラムは、単体で対局プログラム（人間を模倣した着手をするプログラム）として使うことができます（予測の第１位の手を自分の着手として選ぶわけですね）。先読みをまったくしない形で使っても、この「人間模倣」プログラムは非常に強い、とのことです。先読みをまったくしない形で使ってアマ高段者に近い力だろうということは容易に想像できますね。そして、これに「先読みする部分」を加えたら、さらにずっと強くなることも、容易に想像できますね。

AlphaGoは、さらに、このプログラムの高速計算版も持っています。こちらは、予測の正確さは当然ながら落ちるのですが、予測計算にかかる時間は上記の通常版（と本書ではよんでおきます）の1/1000ほどのようです。

AlphaGoは、この予測・模倣の通常版を、探索木作成に使っています。つまり、各ノードで、人間の手としてありそうな手に限定して枝（自分自身の着手も対戦相手の着手も）をあれこれ作るのです。

探索木の作成方法は、反復深化法に似ていて、枝刈りをしながら、層を深くしていきます。

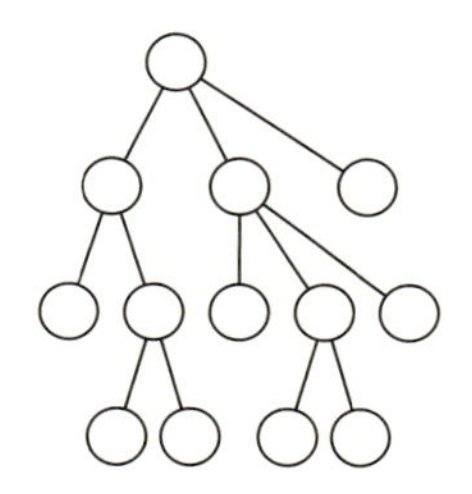

図6.6

「枝刈りをしながら層を深くする」とは、こんな感じの木を作る、ということです。

そして末端ノードでモンテカルロ法と評価関数を使うわけですが、モンテカルロ法では、「完全にランダムにプレイアウトする」のではなく、上記の予測・模倣の高速計算版を使います（発生させた乱数に応じて、何番目の予想を使うかが決まるのですね）。どうですか、大ざっぱなアルゴリズムを聞いただけで、「これなら強いのは当然だな」と思うでしょう？　たぶん、この方法なら、人間の名人の４子局（人が初手で４手連続で先に打つ対局）でも軽々と勝てるプログラムを作れるでしょうね。

AlphaGoでは、人がまったく理解できない「深い思考」で、複雑な計算が行なわれている、と思っている人は多いでしょうが、AlphaGoの「思考」の基本構造は以上のようにまったく単純なのです。拍子抜けですか？

予測プログラムの正確な予測と、結果予測プログラムの正確な予測、（ともちろんモンテカルロ法と）がAlphaGoを強くしているのであって、複雑なアルゴリズムがAlphaGoを強くしているのではありません（繰り返しますが、アルゴリズムは単純なのです）。もちろん、シチョウ対策、劫（コウ）の扱い方、等々、割り込み処理（ときおり発生する特殊な例外処理のようなもの）のプログラムはかなりあるでしょうが、それは細部処理の話であって、基本構造の話ではありません。

まとめ（に類した説明）

AlphaGoの強さの基本は、当然ながら、局面評価にモンテカルロ法を使っている点にあります（これを使っている囲碁プログラムはAlphaGo以前にたくさんあるので、AlphaGo特有のものではありませんが）。

モンテカルロ法を使ったことにより、人間的な知識による、厚みの評価などの複雑な内容からなる評価関数を用意する必要がなくなってしまったのが重要点。この評価関数（で正確なもの）を作るのが難しくて、強いプログラムがなかなか作れない大きな障害物・越えられない壁になっていたのです。評価をモンテカルロ法に変えることで、この障害物・壁があっさりと消えてしまったわけです。

そして、モンテカルロ法の使用に加えて——以下が他プログラムとの大きな違いですが——精度のよい「人間の着手予測（模倣）プログラム」（通常版と高速計算版）と、モンテカルロ法を補う「勝率予測プログラム」（これがあるので、切り捨ててしまう候補の枝に関してプレイアウト回数をたくさん費やさずに——無駄な時間をかけずに——済みます）を使用していることがAlphaGoを強くしているのです。

6.3 AlphaGoの棋風

（ここは、棋風を紹介するページではありません。アルゴリズムの当然の結果を見ることで、アルゴリズムをよりよく理解するためのページです。）

さて、以上のアルゴリズムから、AlphaGoの棋風の特色（以下のもの）が自明です（アルゴリズムの当然の結果です）。

プログラムの仕組みがわかっていると自明のことなのですが、それを知らない人には、たとえ囲碁が強くても、まったく想像がつかない内容かもしれません。以下を読めば、読者はプログラムをよりはっきりと理解できるようになるだろうと思います。

囲碁がよくわからない人には、以下の説明がなんのことかわからないかもしれませんが、その場合は、「ふーん、そういうものなのか」くらいの感じで見てください。

●ヨセの碁

AlphaGoは基本的にヨセの碁です。(予測プログラム高速版を使って) ランダムにプレイアウトする際は、一方の大石が死ぬことはまずありえません。第一、死にそうな石を放置しません。万一、一方に死ぬ石があっても、他方はそれを殺せませんし、殺しにいくことも（まず）ありえません（殺すためには、「殺すために必要な深さの読み」が必要ですが、プレイアウトは1手の読みだけでそれぞれの手を打ち続けるので)。プレイアウトは「自分も相手も(自然な・平均的な) ヨセの手を打ち続ける」という前提で行なうので、探索木末端の評価は、ヨセの評価です。それをもとに探索木で最善手を決定するので、AlphaGoはつねにヨセのことを考えている碁になるのです。つまりAlphaGoは、序盤・中盤・終盤を通じて、基本的にずっとヨセの碁をします。

AlphaGoはヨセの構想力が抜群に優れています。終局までヨセた図を作った上で着手を決めるので、当然ですね。

●中央に地

AlphaGoは盤の中央に地を作るのが極めて上手です。AlphaGoは何度も何度もプレイアウトするので、盤の中央にどのくらいの地が見込めるのかが正確にわかるからです。人間には、盤の隅や辺の地は容易に目算できますが、中央の地はよくわかりません（隅や辺ほど正確にはわかりません)。ところがAlphaGoにとっては、隅も辺も中央も同じなのです（どんな局面でもプレイアウトしてしまうので)。

※片岡聡九段「［AlphaGoは］中央の厚みを数値化できるのがスゴイ」(毎日新聞囲碁欄、2016年4月8日)

●目指すのは確実な勝ち

AlphaGoは確実な勝ちを目指します。末端ノードの値が確率であることから、AlphaGoが安全な・確実な勝ちを狙うことがわかります。たとえば終盤で、A「ベストを尽くすことができれば9目半勝ちだけれど、間違えたら負ける可能性がある（しかもかなり高い確率で間違えそう)」と、B「100％確実な半目勝ち」の2つの道があったなら、AlphaGoはBを選択する、ということです。AlphaGoは何目勝ちかで着手を選ばないので、AlphaGoにとってはこの二者択一は、A「負ける可能性の高い道」とB「100％確実な勝ちの道」のどちらを取るかの選択なのです。

●「この1手」がずっと続く局面が苦手

AlphaGoは「この1手」がずっと続く局面が苦手です。

AlphaGoの探索木の層はあまり深くありません（月刊碁ワールド2016年5月号に王銘琬九段の「長くて10手ぐらいしか読めないのでは？」との発言が書いてありました。つまり、AlphaGoの探索木は10層程度なのでしょう)。したがって、「この1手」が長く続くような局面では――つまり、（ヨセの読みではなく）タクティクスの点で正確な深読みが必要な局面では――正しい道を選びそこなうことがあります。実際、対李世石戦の第4局では間違えました。

ただし、AlphaGoの開発チームはきっと、対李世石戦の後、「タクティカルな読みが長手数にわたって必要な局面」の処理方法を大きく改善させたことでしょう。

●簡明な処理

AlphaGoは簡明な処理を好みます。序盤や中盤で、険しい戦いが始まったとき、AlphaGoは「徹底的に戦い抜く」ことをしません。読みが浅いので戦い抜けないのです（読みが浅いので、「長く戦い抜いたあとの局面を作って評価する」ことができないのです）。末端ノードが戦いの最中なら、そのノードの勝率はせいぜい50％前後でしょうから、戦いの最中ではないもっと勝率の高いノードへの道を選ぶことになります。つまり、簡明な処理の道を選ぶことになるわけです。

●ハッタリの手

AlphaGoは、敗勢のとき、相手が間違えることを期待したハッタリの手を選ぶことがあります。

これは、そうするように特別にプログラムされているのではなく、プレイアウトした勝率で手を決めるので当然ですね。もちろん、ハッタリの手を選ぶときは、それが高級なハッタリなのか、初心者ですら対応を間違えない低級のハッタリなのかは、AlphaGoには区別できないでしょう。

実際、第４局では、ハッタリとはいえないほど低級な「相手が間違えることを期待した手」が続出しました。

6.4
AlphaGo vs 李世石、５番勝負

では、AlphaGoの実際の手を見ていくことにしましょう。

鑑賞目的ではありません。これまでに書いてあることを、より正確に理解するためです。（いえ、もしかしたら、これまでに書いていないことすら、あなたは自分で発見するかもしれませんね）。

これまでの説明をつねに念頭に置きながらAlphaGoの実際の手を見ていくと、１手ごとにAlphaGoがどう「考え」ているのかがよくわかるだろうと思います。AlphaGoになりきってその着手を見ていってください。

ちなみに私はこの５番勝負を新浪圍棋（インターネットの囲碁サイト）で見ていました。以下の文中の「中継時」とは、その中継を意味します。

【第１局】（黒）李世石 vs（白）AlphaGo

棋譜はhttp://www.geocities.jp/versusAI/alpha1.sgfにあります。それを再生（９ページ参照）しながら、以下を読むとわかりやすいでしょう（一応、以下に図を添えておきますが）。

24からの強手で、白がいきなり優位に立ったようです。

80は少しぬるい手（緩手）と言われましたが、こうするのが勝つ確率がもっとも高い、とAlphaGoは計算しているのです。ただし、93までで黒が挽回しているとのことでした。

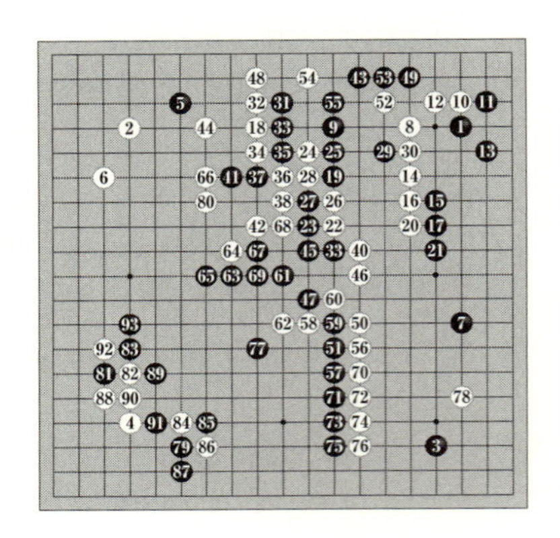

図6.8

102、おおーっ、と驚く勝負手（でも、人間なら第一感で選びそうな手なので、予想兼模倣プログラムの第1候補の手なのかもしれませんね）。

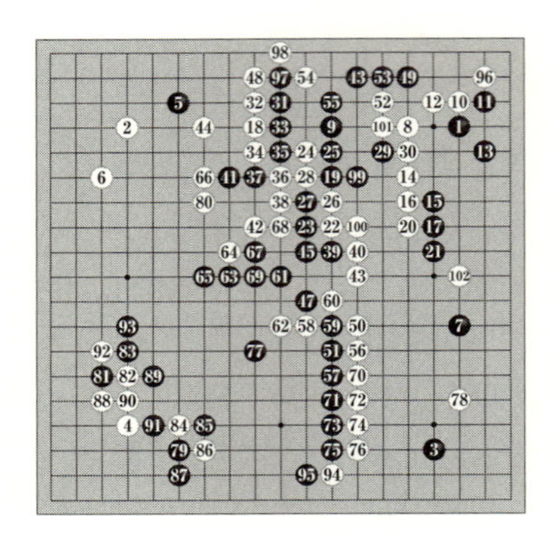

図6.9

そして、AlphaGoがたぶん最初に想定していた図とは異なる進行になっただろうと思えるのですが、白は簡明に処理する道を選んで先手で右辺を片付けて、116という大きな手にまわりました。

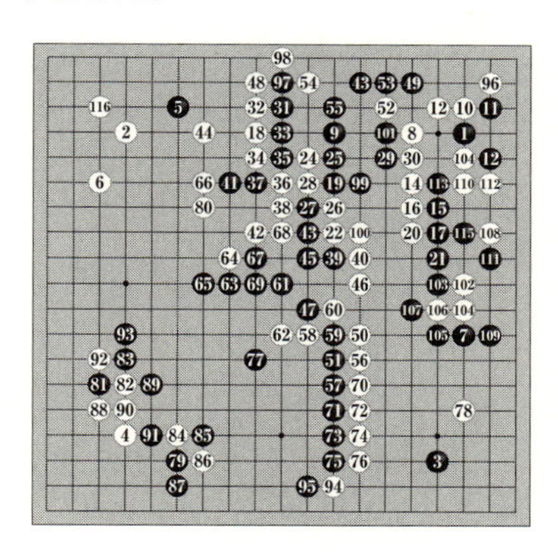

図6.10

中継時は、127と129が最後の敗因と言われていましたが、終局後に振り返ってみれば、右下の戦いで黒が挽回できる道はなかったようです（右下で黒が最善を尽くしても、細かいながら白がいい、とのことです）。でも、中継時、右下の戦いの最中では、黒が優勢と考えているプロが多かったようです。

150で白の勝ちが確定。中継時にはここで唐韋星九段と党毅飛四段が、「白が勝勢」と言っていました。

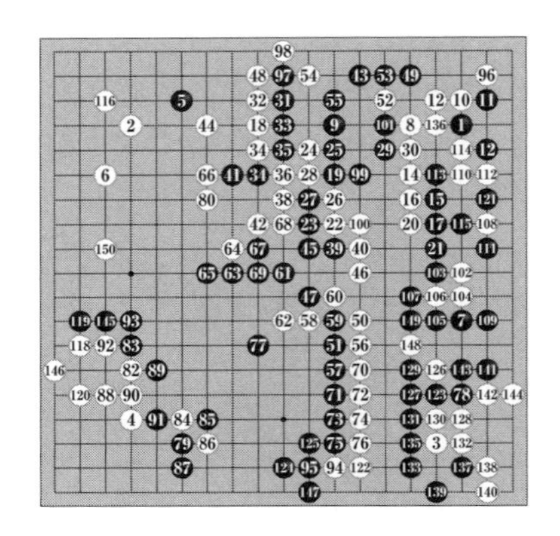

図6.11

136、142、162の３手で白は１目以上損をしているとのことですが、AlphaGoは１目でも多く勝とうとするプログラムではなくて、確実な勝ちを目指すプログラムなので、136、142、162のようにするのがより確実な勝ちと見ているのです。

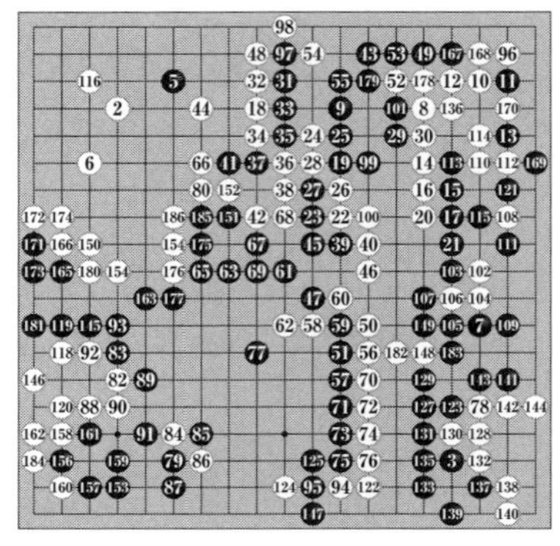

図6.12 終局図（白中押し勝ち）

【第２局】（黒）AlphaGo vs（白）李世石

棋譜はhttp://www.geocities.jp/versusAI/alpha2.sgfにあります。それを再生しながら、以下を読むとわかりやすいでしょう。

37――この手はずいぶん話題になりました（４線の肩ツキはよくある手ですが、５線の肩ツキなので）。この手からわかる点は、AlphaGoが模倣計算に使っている特徴量の１つが「４線の肩ツキ」ではなく、単に「肩ツキ」だろう、ということです。つまり、AlphaGoは５線の肩ツキのみならず、６線や７線の肩ツキも（ごく当たり前の手として）行なうのでしょう――その手の後の変化を読んで、その手が最善と判断した場合には。

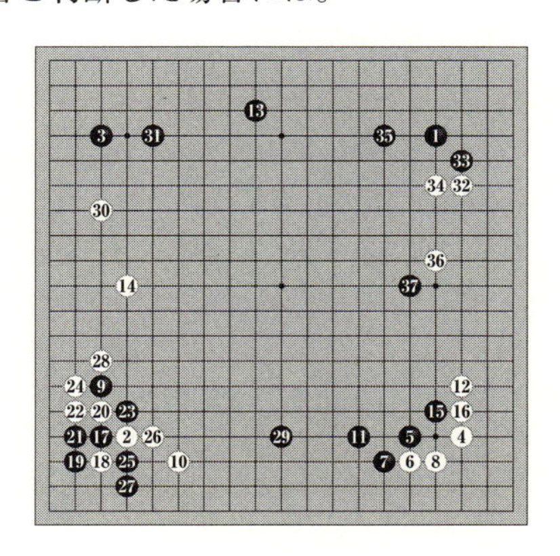

図6.13

――が、62で白が明らかによい、とのことでした。

81は、「人間には思いつかない好手」とさかんに言われていました。

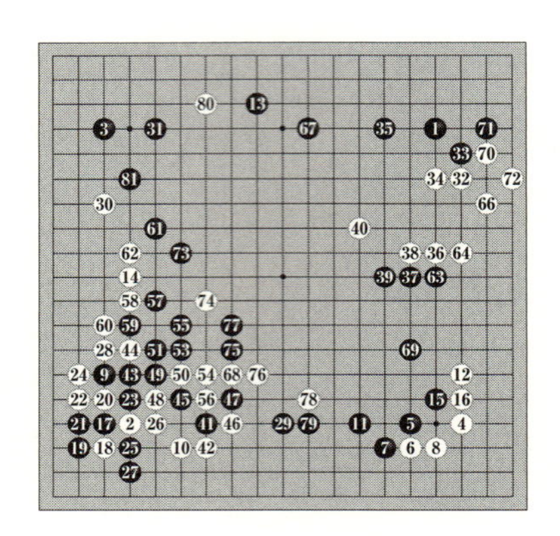

図6.14

81以降、左上を簡明に処理して、99で互角に戻っている、と中継時には言われていましたが、局後の検討によれば、ここではもう黒の勝勢とのことです。

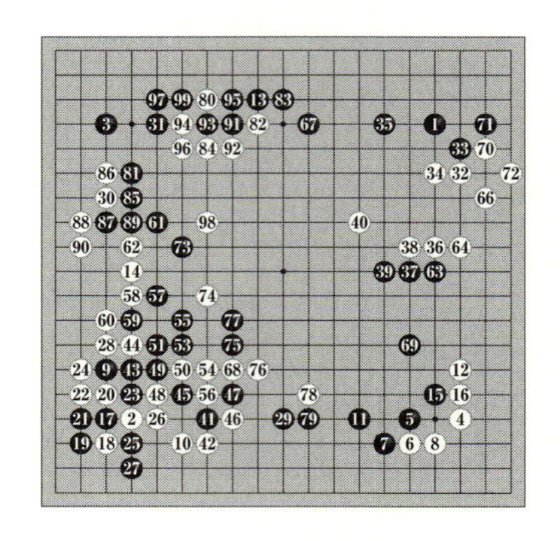

図6.15

中継時には128が敗着と言われていました。130から白は逆転を試み、AlphaGoは大振り替わりを選択——振り替わって勝ち、と計算したのです。AlphaGoは死ぬか生きるかの戦いは上手ではありませんが、当然ながら、振り替わりの計算は大得意ですね。

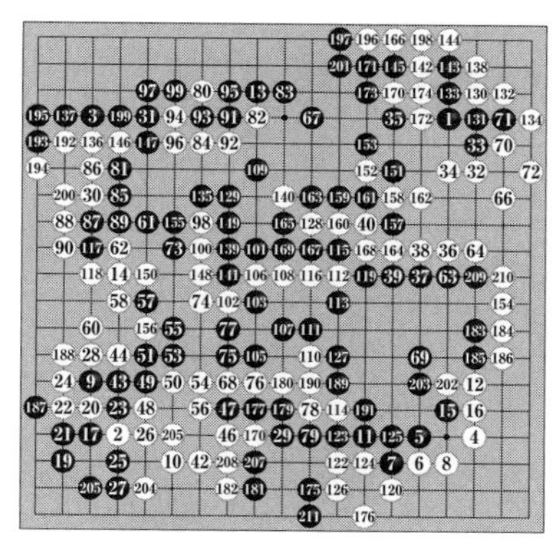

図6.16 終局図（黒中押し勝ち）

これまでの２局とも、AlphaGoは明らかな間違いをせず、プレイは完璧だった、と言われました。この時点では、AlphaGoが全勝で５番勝負を終えるかもしれない、と多くの人は思っていたでしょう。

【第３局】（黒）李世石 vs（白）AlphaGo

棋譜はhttp://www.geocities.jp/versusAI/alpha3.sgfにあります。それを再生しながら、以下を読むとわかりやすいでしょう。

32については「神の１手」と言われました。

AlphaGoはこの手で、その上の黒３子が死んでいる（あるいは、死ぬ可能性が高い）、と考えていたのでしょう（この部分の変化は探索木の範囲内では読み切れないため、模倣高速版でランダムに打って判定しますから)。

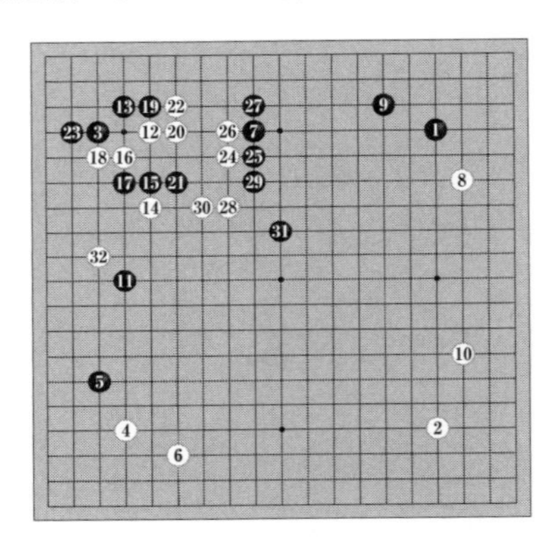

図6.17

黒は(本局に負けたら、5番勝負の勝敗が決まってしまうので)77から必死に局面打開を図りましたが、白が90と左上白石を補強して、白勝勢、とのことです。

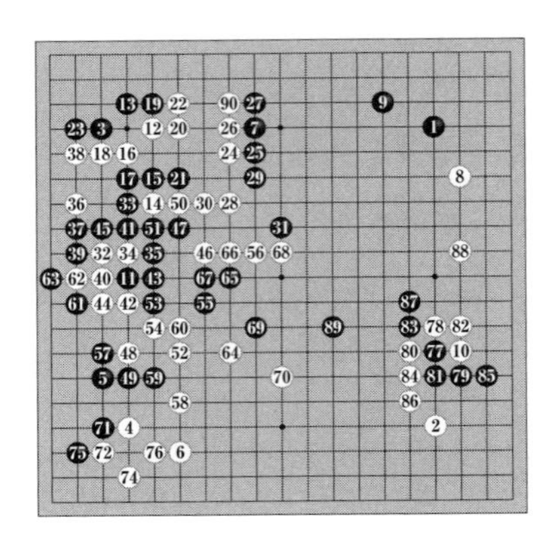

図6.18

なお、中継時には指摘がありませんでしたが、月刊碁ワールド2016年５月号によれば、146手目は147のところに打てば黒石は死んでいました。AlphaGoは、その死活がわからなかったのです。

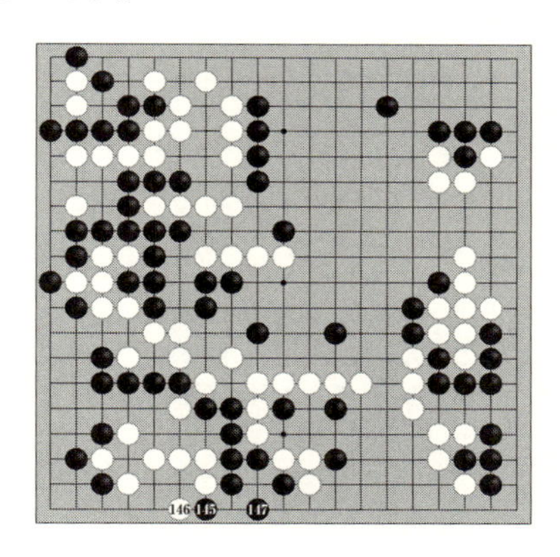

図6.19

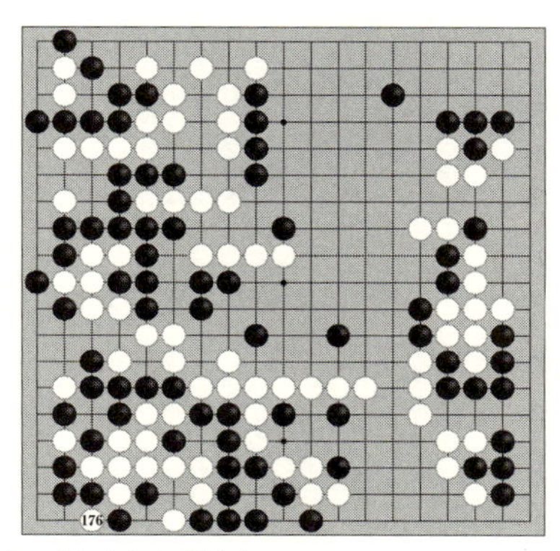

図6.20 終局図（白中押し勝ち）

【第４局】（黒）AlphaGo vs（白）李世石

棋譜はhttp://www.geocities.jp/versusAI/alpha4.sgfにあります。それを再生しながら、以下を読むとわかりやすいでしょう。

77の時点で黒が明らかに優勢。78については、李世石九段は、その手に勝算があったのではなく、そうする以外に手がなかった、と述べていました。78に対して、黒はその下からアテるべきだったそうですが……。

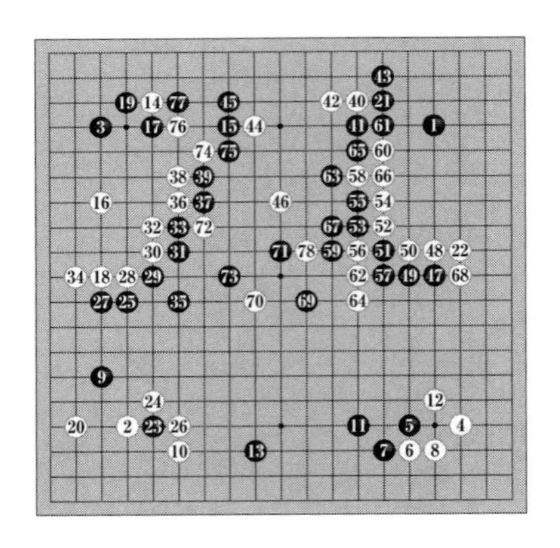

図6.21

79を打つとき、AlphaGoは勝率70％と計算していたそうです（「たぶん勝ち」に近い値ですね）。また、83（悪手）のときですら、まだ優勢と思っていたのですが、87手目を考えているときに、勝率の値が極端に落ちたそうです。

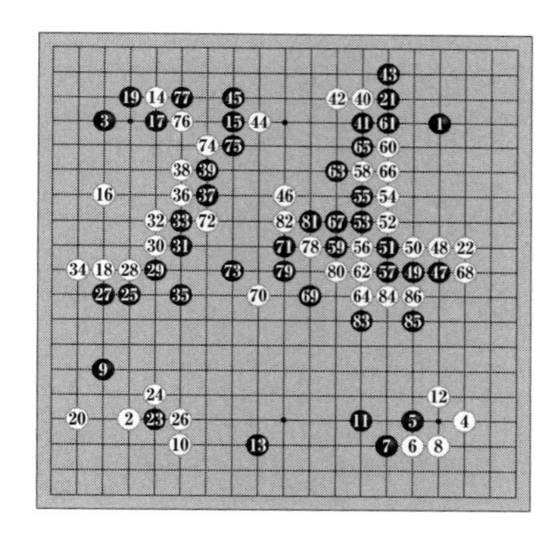

図6.22

その後AlphaGoは暴走した、とよく言われましたが、AlphaGoの打ち方は、暴走ではなく、アルゴリズムの通りです（敗勢と考えているときの打ち方であるだけです）。

王銘琬九段によれば、実際は黒が多少悪い程度らしいのですが、とても悪いと誤判断したのがAlphaGoの敗因のようです。

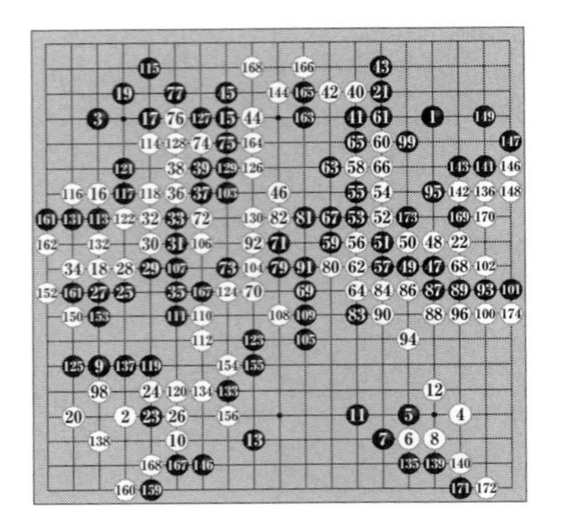

図6.23

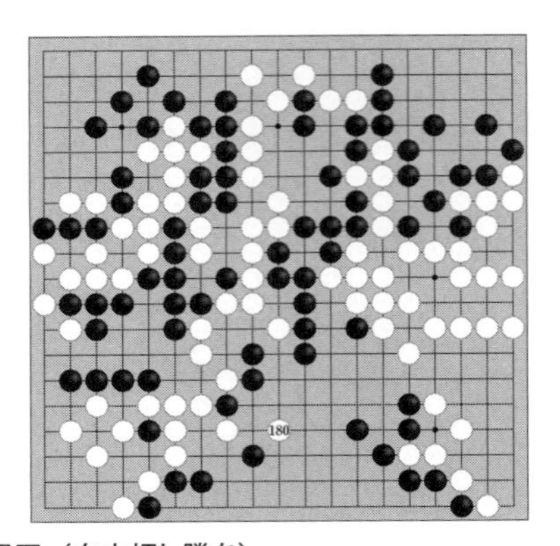

図6.24 終局図（白中押し勝ち）

【第5局】（黒）李世石 vs（白）AlphaGo

棋譜はhttp://www.geocities.jp/versusAI/alpha5.sgfにあります。それを再生しながら、以下を読むとわかりやすいでしょう。

40の時点で、白が好調とのことです。

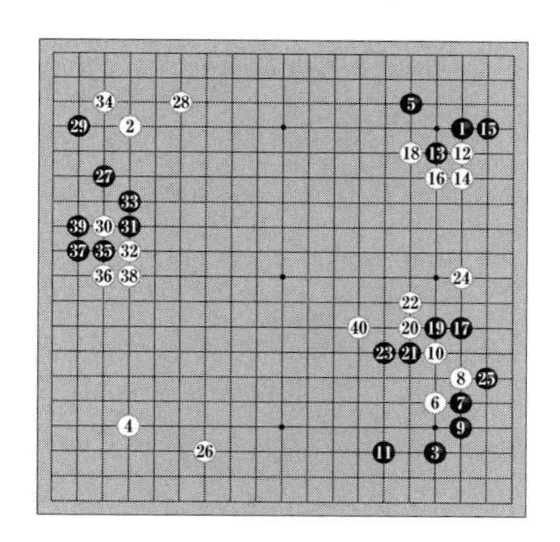

図6.25

50に対して黒はその左に切るものとAlphaGoは考えていたようです（51からの石塔シボリが読めていないようなので）。白が右下で読み不足の間違いをしたため、第4局と同じコースになるのか、とここでは騒然となりました。ただし、右下での折衝が一段落したとき、古力（Gu Li）九段は「白は思ったほど損はしていない。形勢はまだ互角に近いと思う」と言っていました。

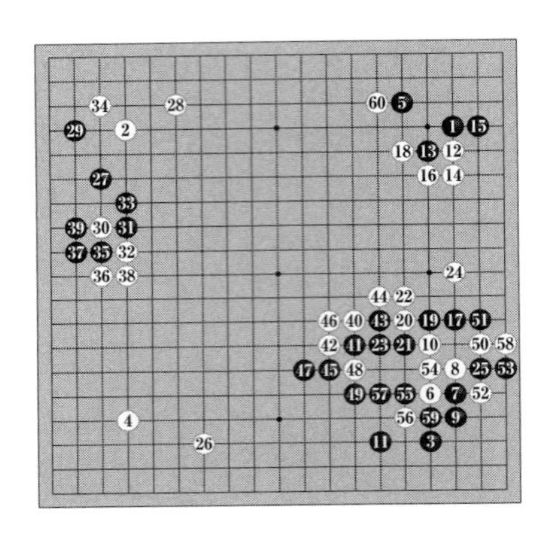

図6.26

69は、侵入が深すぎる、と言われました。聶衛平（Nie Weiping）九段は、これが黒の敗着と言っていました。優勢と考えていた黒は79と自重して99までのつらい活きを強いられ、100で白が優勢、とのことです。

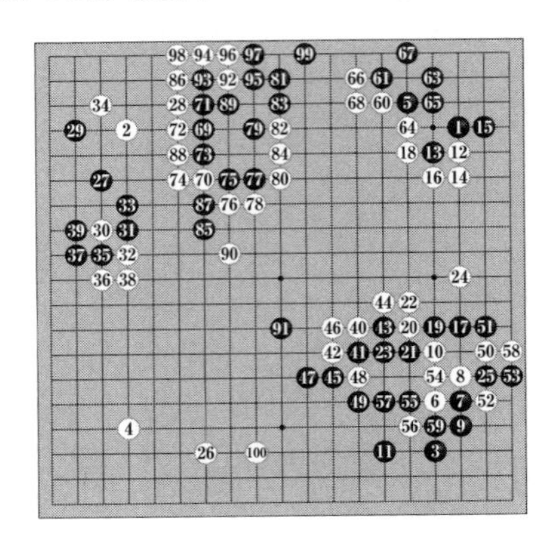

図6.27

その後、黒は勝負手を続けますが、白は簡明に処理をしました。なお、131の頃に、柯潔（Ke Jie）九段から「盤面勝負。もう無理」の発言がありました。

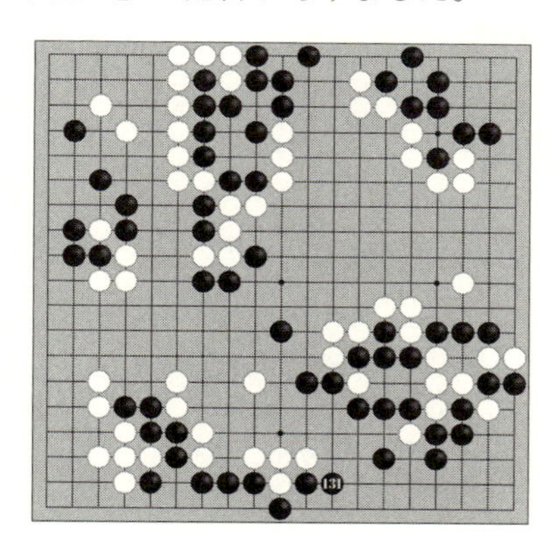

図6.28

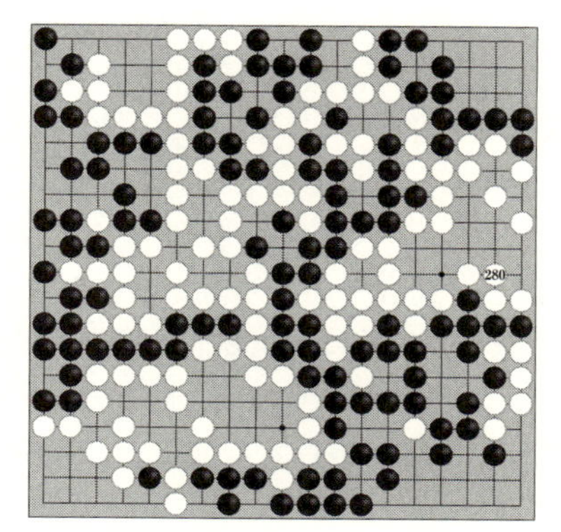

図6.29 終局図（白中押し勝ち）

いかがでしたか？

AlphaGoがどのように「考え」ているのか、もうすっかりわかった（ような気になった）のではありませんか？

後口上

チェス・プログラムはもうずいぶん前に人間を超えた後も、ずっと上達し続けています。そのなかでもKOMODOの登場が象徴的で、そこにチェス・プログラムの未来が見えますね――AIは人間的な判断をますます正確にしていき、人間が直観的にわかる事柄を、計算で模倣して、上達していくでしょう。

そして、これは囲碁でも同じでしょう。すでにAIは「人間の着手を予想し模倣する」という方法で人間を超えましたが、囲碁プログラムはまだ欠陥だらけです。それゆえ、人間をより正確に模倣することで、さらに軽々と上達し、現在のプログラムが初心者レベルだったと思えるほどの強いプログラムが登場するまでに今後10年はかからないでしょう。

「人間の直観的な判断＋コンピューターの深い読み」により、チェスや囲碁でAIは上達し続けるでしょう。そして対戦型プログラムだけでなく、他の分野でも、AIは人間の判断を模倣し（模倣といえるレベルを目指して近づけ――今から半世紀以上前に人工知能の研究が始まったときから、研究者が目指しているのは人間を模倣することなのですが）、正確に計算・実行することで、人間を超えていくことでしょう。

もっとも、このことが「人間を超える」といえることなのかどうかは疑問かもしれません。「完全な人間」など存在しませんが、AIは、人間を模倣しようと努力してそれに少し近づくだけ、ともいえますね。

後□上

ちょっと、わけのわからない話をしてしまいましたか。では、今宵の雑談は、ここまでといたしましょう。

【第３章の答え】

Q1の答え

後手は下図の！のところに置けば勝ちです。

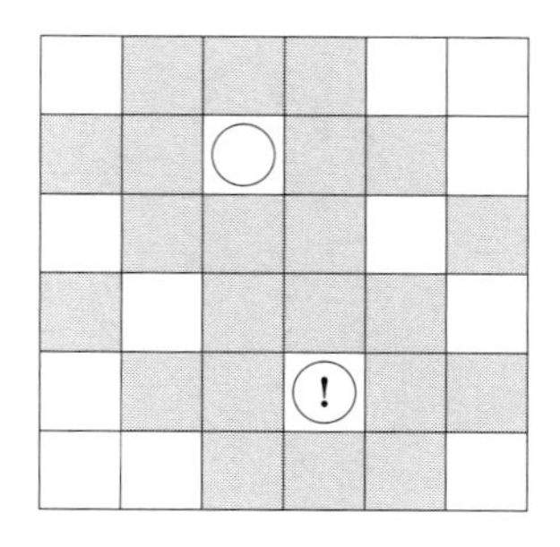

図6.30

この時点で、アミカケ部分には双方とも置けなくなっています（置くと負けるので）。以降は、先手が石を置いたマスと「中央に対して点対称のマス」に後手は石を置いていけばいいのです（そうすれば、先手が先に、置いてはまずいマスに置かざるをえなくなります）。

ちなみに、上記の後手の手は「この１手」です。つまり、後手がそこ以外のマスに石を置いたら、先手は勝てます。

Q2の答え

先手の勝ち。【証明を書くと数ページにわたってしまうので、省略します。出題ページにも書きましたが、自力で解析してみてください。】

もう少し補足説明しておきましょう。

（回転・鏡映を同じものとみなすと、）初手は下図アミカケ部分の6ヵ所のいずれかです。このうち、濃いアミカケ部分（どちらでもOK）に初手を置けば、先手の勝ちですが、薄いアミカケ部分（そのどれであろうと）に初手を置くと、後手が勝てます。

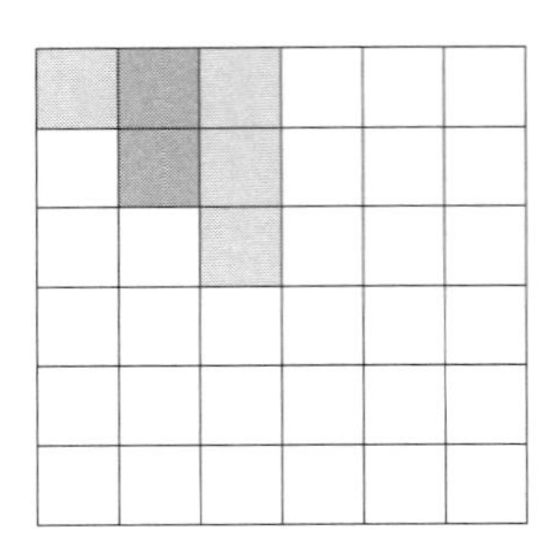

図6.31

《第6章212ページへの補足》厳密解の求め方

まず、直線が0から1で、1匹がaの位置で、もう1匹が0から1までの様々な位置のときの「2匹の距離の期待値」を求めます。

2匹の距離を縦の長さで表わすと、下図となり、この面積（アミカケ部）を底辺の長さ１で割った値（つまり面積の値）が２匹の距離の平均値（兼期待値）です。

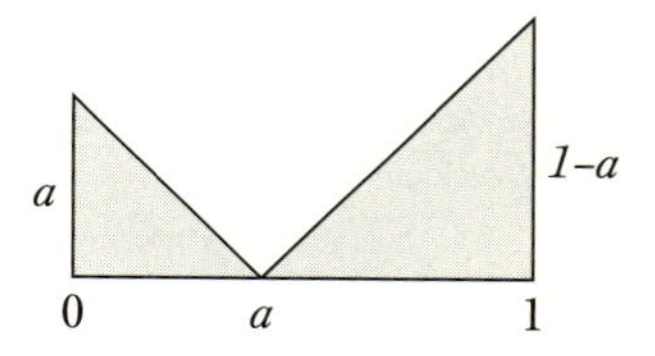

図6.32

つまり、$\frac{a^2}{2}+\frac{(1-a)^2}{2}=a^2-a+\frac{1}{2}$

aは０から１まで変わるので、以下の積分の値を底辺の長さ１で割った値（つまり積分の値）が答えです。

$$\int_0^1\left(a^2-a+\frac{1}{2}\right)da=\frac{1}{3}$$

参考文献

Allen Newell, J. C. Shaw, and H. A. Simon
Chess-Playing Programs and the Problem of Complexity
IBM Journal of Research and Development, Vol.2, No.4, October 1958, pages 320-35.

Arthur Lee Samuel
Some Studies in Machine Learning Using the Game of Checkers
IBM Journal of Research and Development (Vol.44, Issue:1.2), 1959.

Richard Greenblatt, Donald Eastlake, Stephen D. Crocker
The Greenblatt Chess Program
Proceedings of the AfiPs Fall Joint Computer Conference, Vol. 31, pp. 801-810, 1967.

Albert Zobrist
Feature Extraction and Representation for Pattern Recognition and the Game of Go
Ph.D. Thesis, 1970.

Hans Berliner
Computer Backgammon
Scientific American, June 1980.

Jeremy Bernstein
A.I.
The New Yorker, December 14, 1981.

Alexander Keewatin Dewdney
The King (A Chess Program) Is Dead, Long Live The King (A Chess Machine)
Scientific American, 1986-02.

David Levy, Monroe Newborn
How Computers Play Chess
Freeman & Co., 1991.

Jonathan Schaeffer ほか
A World Championship Caliber Checkers Program
Artificial Intelligence, Vol. 53, 1992.

Jonathan Schaeffer and Robert Lake
Solving the Game of Checkers
Games of No Chance, MSRI Publications, Vol.29, 1996.

Yasser Seirawan, Herbert Simon, Toshinori Munakata
The Implications of Kasparov vs. Deep Blue
Communications of the ACM, Vol. 40, No. 8, 1997.

Feng-hsiung Hsu
IBM's Deep Blue Chess Grandmaster Chips
IEEE Micro, Vol. 19, No. 2, 1999.

Paul E. Utgoff, Richard P. Cochran
A Least-Certainty Heuristic for Selective Search
CG 2000, 2000.

Yngvi Björnsson, Tony Marsland
Selective Depth-First Search Methods
Games in AI Research. Universiteit Maastricht, 2000.

Bruno Bouzy, Bernard Helmstetter
Monte Carlo Go Developments
Advances in Computer Games 10, 2003.

Jonathan Schaeffer
Game Over: Black to Play and Draw in Checkers
International Computer Games Association (ICGA) Journal, 30(4):187-197, 2007.

Ilya Sutskever, Vinod Nair
Mimicking Go Experts with Convolutional Neural Networks
ICANN, 2008.

Christopher Clark, Amos Storkey
Teaching Deep Convolutional Neural Networks to Play Go
arXiv:1412.3409, 2014.

David Silver, Aja Huang ほか
Mastering the game of Go with deep neural networks and tree search
Nature, Vol. 529, 2016.

さくいん

〈アルファベット〉

AlphaGo　18, 44
α－β枝刈り　112, 168
AI　25
CHINOOK　139
DEEP BLUE　19
SAMUEL　128

〈あ行〉

後戻り分析　98
李世石　18
枝刈り　104, 106

〈か行〉

回帰分析　32, 44
ガウス　37
完全解析　84
機械学習　27
キャスリング　157
教師つき学習　48
行列計算　36
キラー・ヒューリスティック　182
コミ　210

〈さ行〉

最小2乗法　33
地　209
シグモイド曲線　40
主成分得点　54
主成分分析　51, 52
人工知能　25
深層学習　31, 44, 61
静止探索　173
ゼロ手枝刈り　182
線形回帰分析　32
層　105, 128
相関係数　56

〈た行〉

多層パーセプトロン　61
探索木　105
チェッカー　120
力づく探索　107, 128
逐次近似　39
チョンプ　90
ティック・タック・トウ　29
データ空間　52

〈な行〉

ニューラル・ネットワーク　40, 61

〈は行〉

パーセプトロン　61
バックギャモン　77
バックトラッキング　112

ハッシュ表　106, 174
反復深化法　179
判別分析　44
非線形回帰分析　32
評価関数　73, 132

〈ま行〉

ミニマックス・アルゴリズム　107
目　209
モンテカルロ法　211, 212, 214

〈や行〉

読みの深さ　75

〈ら行〉

レイティング　69
ロジスティック関数　61
ロジスティック曲線　40

〈わ行〉

枠決め　181

N.D.C.007.1　246p　18cm

ブルーバックス　B-2001

人工知能はいかにして強くなるのか？
対戦型AIで学ぶ基本のしくみ

2017年1月20日　第1刷発行

著者　小野田博一
発行者　鈴木　哲
発行所　株式会社講談社
〒112-8001東京都文京区音羽2-12-21
電話　出版　03-5395-3524
販売　03-5395-4415
業務　03-5395-3615
印刷所　（本文印刷）慶昌堂印刷株式会社
（カバー表紙印刷）信毎書籍印刷株式会社
製本所　株式会社国宝社

定価はカバーに表示してあります。

ISBN978－4－06－502001－2

発刊のことば

科学をあなたのポケットに

二十世紀最大の特色は、それが科学時代であるということです。科学は日に日に進歩を続け、止まるところを知りません。ひと昔前の夢物語もどんどん現実化しており、今やわれわれの生活のすべてが、科学によってゆり動かされているといっても過言ではないでしょう。

そのような背景を考えれば、学者や学生はもちろん、産業人も、セールスマンも、ジャーナリストも、家庭の主婦も、みんなが科学を知らなければ、時代の流れに逆らうことになるでしょう。

ブルーバックス発刊の意義と必然性はそこにあります。このシリーズは、読む人に科学的に物を考える習慣と、科学的に物を見る目を養っていただくことを最大の目標にしています。そのためには、単に原理や法則の解説に終始するのではなくて、政治や経済など、社会科学や人文科学にも関連させて、広い視野から問題を追究していきます。科学はむずかしいという先入観を改める表現と構成、それも類書にないブルーバックスの特色であると信じます。

一九六三年九月

野間省一

ブルーバックス　コンピュータ関係書

1084 図解　わかる電子回路　加藤　肇／見城尚志／高橋　久
1281 新電子工作入門　西田和明
1331 これならわかるC++　CD-ROM付　小林健一郎
1430 Excelで遊ぶ手作り数学シミュレーション　田沼晴彦
1656 今さら聞けない科学の常識2　朝日新聞科学グループ＝編
1665 動かしながら理解するCPUの仕組み　CD-ROM付　加藤ただし
1682 入門者のExcel関数　リブロワークス
1699 これから始めるクラウド入門　2010年度版　リブロワークス
1714 Wordのイライラ　根こそぎ解消術　長谷川裕行
1719 冗長性から見た情報技術　青木直史
1726 仕事がぐんぐん加速するパソコン即効冴えワザ82　トリプルウイン
1733 Excelのイライラ　根こそぎ解消術　長谷川裕行
1744 瞬間操作！　高速キーボード術　リブロワークス
1753 理系のためのクラウド知的生産術　堀　正岳
1755 振り回されないメール術　田村　仁
1769 入門者のExcel VBA　立山秀利
1783 知識ゼロからのExcelビジネスデータ分析入門　住中光夫
1791 卒論執筆のためのWord活用術　田中幸夫
1802 実例で学ぶExcel VBA　立山秀利
1825 メールはなぜ届くのか　草野真一
1837 理系のためのExcelグラフ入門　金丸隆志
1850 入門者のJavaScript　立山秀利
1881 プログラミング20言語習得法　小林健一郎
1891 Raspberry Piで学ぶ電子工作　金丸隆志
1926 SNSって面白いの？　草野真一
1950 実例で学ぶRaspberry Pi電子工作　金丸隆志
1962 脱入門者のExcel VBA　立山秀利

ブルーバックス　技術・工学関係書（I）

495 人間工学からの発想　小原二郎
911 電気とはなにか　室岡義広
1084 図解　わかる電子回路　加藤　肇／見城尚志／高橋　久
1128 原子爆弾　山田克哉
1236 図解　飛行機のメカニズム　柳生　一
1281 新電子工作入門　西田和明
1346 図解　ヘリコプター　鈴木英夫
1396 制御工学の考え方　木村英紀
1452 流れのふしぎ　石綿良三／根本光正＝著　日本機械学会＝編
1469 量子コンピュータ　竹内繁樹
1483 新しい物性物理　伊達宗行
1489 電子回路シミュレータ入門　増補版　CD-ROM付　加藤ただし
1511 「複雑ネットワーク」とは何か　増田直紀／今野紀雄
1520 図解　鉄道の科学　宮本昌幸
1545 高校数学でわかる半導体の原理　竹内　淳
1553 図解　つくる電子回路　加藤ただし
1573 手作りラジオ工作入門　西田和明
1579 図解　船の科学　池田良穂
1624 コンクリートなんでも小事典　土木学会関西支部＝編　井上　晋　他
1643 金属材料の最前線　東北大学金属材料研究所＝編著
1656 今さら聞けない科学の常識2　朝日新聞科学グループ＝編
1660 図解　電車のメカニズム　宮本昌幸＝編著
1665 動かしながら理解するCPUの仕組み　CD-ROM付　加藤ただし
1676 図解　橋の科学　土木学会関西支部＝編　田中輝彦／渡邊英一　他
1679 住宅建築なんでも小事典　大野隆司
1683 図解　超高層ビルのしくみ　鹿島＝編
1689 図解　旅客機運航のメカニズム　三澤慶洋
1692 新・材料化学の最前線　首都大学東京　都市環境学部　分子応用化学研究会＝編
1696 ジェット・エンジンの仕組み　吉中　司
1717 図解　地下鉄の科学　川辺謙一
1719 冗長性から見た情報技術　青木直史
1722 小惑星探査機「はやぶさ」の超技術　「はやぶさ」プロジェクトチーム＝編　川口淳一郎＝監修
1734 図解　テレビの仕組み　青木則夫
1748 図解　ボーイング787 vs.エアバスA380　青木謙知
1751 低温「ふしぎ現象」小事典　低温工学・超電導学会＝編
1754 日本の土木遺産　土木学会＝編
1759 日本の原子力施設全データ　完全改訂版　北村行孝／三島　勇
1763 エアバスA380を操縦する　キャプテン・ジブ・ヴォーゲル　水谷　淳＝訳
1768 ロボットはなぜ生き物に似てしまうのか　鈴森康一
1772 分散型エネルギー入門　伊藤義康
1777 たのしい電子回路　西田和明
1779 図解　新幹線運行のメカニズム　川辺謙一

ブルーバックス　技術・工学関係書（II）

1781 図解 カメラの歴史　神立尚紀
1797 古代日本の超技術　改訂新版　志村史夫
1817 東京鉄道遺産　小野田 滋
1840 図解 首都高速の科学　川辺謙一
1845 古代世界の超技術　志村史夫
1854 カラー図解 EURO版 バイオテクノロジーの教科書（上）　ラインハート・レンネバーグ　小林達彦＝監修　田中暉夫／奥原正國＝訳
1855 カラー図解 EURO版 バイオテクノロジーの教科書（下）　ラインハート・レンネバーグ　小林達彦＝監修　西山広子／奥原正國＝訳
1863 新幹線50年の技術史　曽根 悟
1866 暗号が通貨（カネ）になる「ビットコイン」のからくり　吉本佳生　西田宗千佳
1871 アンテナの仕組み　小暮裕明　小暮芳江
1873 アクチュエータ工学入門　鈴森康一
1879 火薬のはなし　松永猛裕
1886 関西鉄道遺産　小野田 滋
1887 小惑星探査機「はやぶさ2」の大挑戦　山根一眞
1891 Ｒａｓｐｂｅｒｒｙ Ｐｉで学ぶ電子工作　金丸隆志
1909 飛行機事故はなぜなくならないのか　青木謙知
1916 新しい航空管制の科学　園山耕司
1918 世界を動かす技術思考　木村英紀＝編著
1938 門田先生の３Ｄプリンタ入門　門田和雄
1940 すごいぞ！ 身のまわりの表面科学　日本表面科学会
1948 すごい家電　西田宗千佳
1950 実例で学ぶＲａｓｐｂｅｒｒｙ Ｐｉ電子工作　金丸隆志
1959 図解 燃料電池自動車のメカニズム　川辺謙一
1963 交流のしくみ　森本雅之

ブルーバックス　パズル・クイズ関係書

921 自分がわかる心理テスト　芦原　睦＝監修
　桂　戴作＝監修
988 論理パズル101　デル・マガジンズ社＝編　小野田博一＝編訳
1353 算数パズル「出しっこ問題」傑作選　仲田紀夫
1366 数学版　これを英語で言えますか？　エドワード・ネルソン＝監修　保江邦夫
1368 論理パズル「出しっこ問題」傑作選　小野田博一
1381 パズル・物理入門（新装版）　都筑卓司
1423 史上最強の論理パズル　小野田博一
1453 大人のための算数練習帳　図形問題編　佐藤恒雄
1474 クイズ　植物入門　田中　修
1693 10歳からの論理パズル「迷いの森」のパズル魔王に挑戦！　小野田博一
1694 傑作！　数学パズル50　小泓正直
1720 傑作！　物理パズル50　ポール・G・ヒューイット＝作　松森靖夫＝編訳
1833 超絶難問論理パズル　小野田博一
1928 直感を裏切るデザイン・パズル　馬場雄二

ブルーバックス　事典・辞典・図鑑関係書

569 毒物雑学事典 大木幸介
1084 図解 わかる電子回路 加藤 肇／見城尚志／高橋 久
1150 音のなんでも小事典 日本音響学会＝編
1188 金属なんでも小事典 増本 健＝監修 ウォーク＝編著
1484 単位171の新知識 星田直彦
1614 料理のなんでも小事典 日本調理科学会＝編
1624 コンクリートなんでも小事典 土木学会関西支部＝編 井上 晋 他
1642 新・物理学事典 大槻義彦／大場一郎＝編
1653 理系のための英語「キー構文」46 原田豊太郎
1660 図解 電車のメカニズム 宮本昌幸＝編著
1676 図解 橋の科学 土木学会関西支部＝編 田中輝彦／渡邊英一 他
1679 住宅建築なんでも小事典 大野隆司
1683 図解 超高層ビルのしくみ 鹿島＝編
1689 図解 旅客機運航のメカニズム 三澤慶洋
1691 DVD-ROM&図解 動く！ 深海生物図鑑 ビバマンボ／北村雄一 三宅裕志／佐藤孝子＝監修
1698 スパイスなんでも小事典 日本香辛料研究会＝編
1708 クジラ・イルカ生態写真図鑑 水口博也
1718 小事典 からだの手帖（新装版） 高橋長雄
1751 低温「ふしぎ現象」小事典 低温工学・超電導学会＝編
1759 日本の原子力施設全データ 完全改訂版 北村行孝／三島 勇
1761 声のなんでも小事典 和田美代子 米山文明＝監修
1762 完全図解 宇宙手帳 渡辺勝巳／JAXA（宇宙航空研究開発機構）＝協力